水利水电施工

SHUILI SHUIDIAN SHIGONG

2018 年第 1 辑

全国水利水电施工技术信息网

中国水力发电工程学会施工专业委员会　主编

中国电力建设集团有限公司

中国水利水电出版社
www.waterpub.com.cn
·北京·

图书在版编目（ＣＩＰ）数据

水利水电施工. 2018年. 第1辑 / 全国水利水电施工
技术信息网，中国水力发电工程学会施工专业委员会，中
国电力建设集团有限公司主编. -- 北京 : 中国水利水电
出版社，2018.5
    ISBN 978-7-5170-6494-7

Ⅰ. ①水… Ⅱ. ①全… ②中… ③中… Ⅲ. ①水利水
电工程－工程施工－文集 Ⅳ. ①TV5-53

中国版本图书馆CIP数据核字(2018)第102571号

书　　　名	**水利水电施工　2018 年第 1 辑** SHUILI SHUIDIAN SHIGONG 2018 NIAN DI 1 JI	
作　　　者	全国水利水电施工技术信息网 中国水力发电工程学会施工专业委员会　　主编 中国电力建设集团有限公司	
出版发行	中国水利水电出版社 （北京市海淀区玉渊潭南路 1 号 D 座　100038） 网址：www.waterpub.com.cn E-mail：sales@waterpub.com.cn 电话：（010）68367658（营销中心）	
经　　　售	北京科水图书销售中心（零售） 电话：（010）88383994、63202643、68545874 全国各地新华书店和相关出版物销售网点	
排　　　版	中国水利水电出版社微机排版中心	
印　　　刷	北京瑞斯通印务发展有限公司	
规　　　格	210mm×285mm　16 开本　7 印张　267 千字　4 插页	
版　　　次	2018 年 5 月第 1 版　2018 年 5 月第 1 次印刷	
印　　　数	0001—2500 册	
定　　　价	36.00 元	

马来西亚巴贡水电站，由中国电建集团西北勘测设计研究院有限公司（以下简称西北院）设计。该工程 2013 年获"堆石坝国际里程碑工程奖"

陕西省汉中市西二环龙岗大桥，由西北院设计，该工程 2015 年获"国家优质工程奖"

黄河龙羊峡水电站，由西北院设计

伊朗塔里干水利枢纽工程，由西北院设计

浙江省嘉兴市水环境综合治理 30MWp 水面光伏发电示范项目，由西北院设计

青海省共和光伏产业园工程，由西北院设计

青海省龙羊峡水光互补 320MWp 光伏电站项目，由西北院设计

由西北院投资运营的新疆维吾尔自治区哈密石城子光伏电站

云南省功果桥水电站旧州移民安置点街景，由西北院设计

陕西省汉中市汉江城市桥闸工程，由西北院设计

陕西省白河县县城防洪工程，由西北院设计

陕西省汉中市天汉大桥，由西北院设计

河北省定州市规模化生物天然气示范项目，由西北院设计

青海省玉树新城灾后重建项目，由西北院设计

陕西省富平县石川河水环境治理工程，由西北院设计

陕西省西安市陕西投资大厦和创业公寓项目，由西北院设计

新疆维吾尔自治区风克干渠引水工程，由西北院设计并进行工程监理

青海湖二郎剑景区码头工程，由西北院设计和施工

巴基斯坦大沃风电项目，由西北院 EPC 总承包

西藏自治区双湖 13MWp 可再生能源局域网工程，由西北院 EPC 总承包

新疆维吾尔自治区哈密市三塘湖风电项目，由西北院 EPC 总承包

陕西省甘泉 20MWp 光伏扶贫项目，由西北院 EPC 总承包

《水利水电施工》编审委员会

前　言

　　《水利水电施工》是全国水利水电施工技术信息网的网刊，是全国水利水电施工行业内刊载水利水电工程施工前沿技术、创新科技成果、科技情报资讯和工程建设管理经验的综合性技术刊物。本刊以总结水利水电工程前沿施工技术、推广应用创新科技成果、促进科技情报交流、推动中国水电施工技术和品牌走向世界为宗旨。《水利水电施工》自2008年在北京公开出版发行以来，至2017年年底，已累计编撰发行60期（其中正刊40期，增刊和专辑20期）。刊载文章精彩纷呈，不乏上乘之作，深受行业内广大工程技术人员的欢迎和有关部门的认可。

　　为进一步提高《水利水电施工》刊物的质量，增强刊物的学术性、可读性、价值性，自2017年起，对刊物进行了版式调整，由杂志型调整为丛书型。调整后的刊物继承和保留了原刊物国际流行大16开本，每辑刊载精美彩页，内文黑白印刷的原貌。

　　本书为调整后的《水利水电施工》2018年第1辑，全书共分7个栏目，分别为：土石方与导截流工程、地下工程、混凝土工程、地基与基础工程、机电与金属结构工程、路桥市政与火电工程、企业经营与项目管理，共刊载各类技术文章和管理文章27篇。

　　本书可供从事水利水电施工、设计以及有关建筑行业、金属结构制造行业的相关技术人员和企业管理人员学习、借鉴和参考。

编者

2017年12月

目　录

Contents

Foundation and Ground Engineering

Electromechanical and Metal Structure Engineering

Road & Bridge Engineering, Municipal Engineering and Thermal Power Engineering

Enterprise Operation and Project Management

鲁地拉水电站尾水洞出口岩塞开挖支护施工技术

曾玉林/中国水利水电第十四工程局有限公司

【摘　要】 金沙江鲁地拉水电站尾水洞出口岩塞段处于Ⅳ类围岩，岩石陡倾裂隙较为发育，不利结构面成组出现，不利结构面组合作用会形成不稳定块体。采用短进尺、弱爆破、强支护的方式完成了尾水洞出口岩塞段的开挖支护施工，并取得了良好的效果。

【关键词】 尾水出口岩塞　开挖支护　施工技术

1　概述

鲁地拉水电站是金沙江中游河段梯级开发的第七级水电站，上接龙开口水电站，下接观音岩水电站。电站以发电为主，兼有水土保持、库区航运、旅游等综合效益。电站属大（1）型一等工程，尾水系统采用"二机一井一洞"的布置。尾水隧洞共计3条，沿轴线总长为1428.26m（含渐变段）。其中1#尾水洞长389.06m，2#尾水洞长480.27m，3#尾水洞长558.93m。尾水洞洞身开挖断面为圆形，进、出口渐变段为城门洞形。3条尾水洞平行布置，尾水洞间最小间距42.5m。1#~3#尾水洞出口渐变段长30m，前期已完成出口段下游侧12m段的开挖支护，预留上游侧岩塞段，长20m，其中标准段长2m，渐变段长18m。岩塞段为逆坡，坡度为6%。标准段支护后断面尺寸为φ21.3m，30m渐变段为圆形渐变为城门洞形，支护后断面尺寸为φ(21.3~20)m×21.6m（宽×高）。

2　施工方案

2.1　开挖施工

根据岩塞段的结构特点，结合其施工道路、施工方法及设备，将岩塞段分为2#岩塞段、1#与3#岩塞段两种施工程序。2#岩塞段分中导洞与两侧扩挖两块，每块分为3层，分别为中导洞Ⅰ、Ⅱ、Ⅲ层（下、中、上三层）与两侧Ⅳ1、Ⅳ2、Ⅴ1、Ⅴ2、Ⅵ1、Ⅵ2层（上、中、下三层），中导洞Ⅰ、Ⅱ、Ⅲ层层高分别为9m、9m、3.9m，两侧Ⅳ、Ⅴ、Ⅵ层层高分别为9.57~9.37m、9m、3.57m。1#、3#岩塞段各自分3层开挖，开挖高程分别为9.57~9.37m、9m、3.57m，除Ⅰ层分3区施工，其余各层均全断面一次施工。1#~3#岩塞段总体按2#→1#→3#顺序依次施工，除2#岩塞段中导洞按自下而上的顺序开挖外，其余全部按自上而下的施工顺序开挖，以确保施工安全。施工时可根据现场实际情况将3个尾水洞出口岩塞段施工先后顺序予以调整。

2.1.1　2#岩塞段施工

（1）中导洞开挖。中导洞开挖分3层。首先开挖下层，下层开挖渣料全部用于垫渣形成中层施工道路。

中层施工道路形成后开挖中层，中层渣料主要用于修建尾水洞顶拱开挖支护施工通道。中导洞下层、中层的顶拱需根据围岩揭露情况确定安全喷混凝土5cm，以确保围岩稳定。

中层贯通，顶拱开挖的施工道路形成后，开挖中导洞上层。上层每排炮开挖完成后及时进行系统锚杆支护，待上层全部贯通后再进行系统喷混凝土施工。

（2）两侧扩挖。待中导洞顶拱部位系统支护全部完成后，再进行两侧扩挖施工。扩挖按上、中、下3层分层进行，开挖顺序为自上而下，每层开挖全部完成后及时进行系统支护，待系统支护完成后再进行下层开挖。

2.1.2　1#、3#岩塞段施工程序

（1）Ⅰ层顶层施工。1#、3#尾水洞则分别利用2#尾水洞开挖渣料垫渣形成施工道路。道路形成后先开挖中导洞。为确保施工安全，中导洞每排炮开挖完成后均及时进行其顶拱系统锚杆施工，待中导洞贯通后再进行系统喷混凝土施工。

中导洞系统支护完成后再进行两侧扩挖，两侧扩挖每排炮完成后先及时进行系统锚杆施工，扩挖完成后再进行系统喷混凝土施工。

（2）Ⅱ层中层施工。待Ⅰ层系统支护全部完成后方可进行Ⅱ层开挖，Ⅱ层全部开挖完成后再进行系统支护施工。

（3）Ⅲ层底层施工。Ⅱ层系统支护完成后进行Ⅲ层（底层）开挖，受开挖坡度影响，为避免引起顶拱较大超挖，开挖顺序调整为下游侧向上游侧依次开挖。待Ⅲ层全部开挖完成后再进行剩余的系统支护。

2.1.3　开挖主要工序施工工艺

（1）开挖准备：风、水、电以及施工人员、三臂凿岩台车准备就位。

（2）测量放线：测量人员利用全站仪，根据设计开挖图及钻爆设计图对设计开挖轮廓线进行放样。

（3）钻孔作业：由熟练的潜孔与手风钻钻工严格按测量放样的控制线及钻爆设计图中的钻孔参数进行钻孔。

（4）装药、连线、起爆：由考核合格的爆破工按批准的爆破设计图（爆破参数需在实施中根据爆破效果不断优化）装药；采用非电雷管连接起爆网络，要求做到装药密实、堵塞良好；由爆破工和技术员复核检查无误后，爆破工负责引爆。

（5）通风散烟及除尘：岩塞段采用自然通风，确保在爆破后30min内将有害气体浓度降到允许范围内。爆破散烟结束后，开挖面爆破渣堆洒水除尘。

（6）安全处理：爆破后用1.6m³反铲清除边墙残留危石。经常检查已开挖边墙稳定情况，清撬可能塌落的松动岩块。

（7）出渣及清底：2#尾水洞前期修建施工道路的渣料利用1.6m³反铲直接修建施工道路，多余开挖渣料仍然利用1.6m³反铲直接翻渣至前期施工道路部位，以减缓原有的坡度。2#尾水洞多余的渣料采用30t自卸汽车运输至1#、3#尾水洞，利用1.6m³反铲修建1#、3#岩塞段Ⅰ层开挖施工道路。1#、3#尾水洞开挖渣料可直接利用1.6m³反铲配合30t自卸汽车运输至2#渣场。

（8）围岩支护：2#尾水洞前期开挖中导洞下中层每排爆破开挖结束后，根据实际围岩揭露情况安全喷混凝土5cm，以确保施工安全。其他部位需将系统锚杆施工完成。

2.2　爆破参数

开挖全部采用三臂凿岩台车水平钻爆，孔径均为48mm，周边孔采用光面控制爆破。其爆破参数如下：

（1）中导洞与两侧开挖。掏槽孔采用两层，孔深分别为1.5m和3.2m，间距为50cm，层距100cm，φ32mm乳化炸药连续装药。崩落孔孔深3m，间排距均为100cm，φ32mm乳化炸药连续装药。周边孔孔深3m，间距均为50cm，φ25mm乳化炸药间隔不耦合装药。

（2）其他部位开挖。主爆孔孔深3m，间排距均为150cm，φ32mm乳化炸药连续装药。周边孔孔深3m，间排距均为50cm，φ25mm乳化炸药间隔不耦合装药。

2.3　支护施工

系统锚杆钻孔采用三臂凿岩台车，麦斯特高压注浆机注浆，1.6m³反铲改装的施工平台配合人工安插锚杆。

系统喷混凝土采用湿喷工艺，利用麦斯特喷车，8m³混凝土搅拌运输车运输喷混凝土料。

2.3.1　砂浆锚杆施工工艺

砂浆锚杆施工工艺流程见图1。

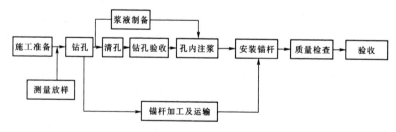

图1　砂浆锚杆施工工艺流程图

（1）测量放样：锚杆孔位采用全站仪放样，不同的锚杆孔位需用不同的符号标示。

（2）平台搭设：利用φ48mm施工脚手架管搭设施工脚手架，间距为1.5m，排距为1.8m，两端与中间各设置一道剪刀撑，中部设置一道纵向剪刀撑。

（3）锚杆钻孔：系统砂浆锚杆采用三臂凿岩台车钻孔，6m与9m砂浆锚杆孔径分别为φ51mm与φ57mm。不同孔深的锚杆要有明显的标记，以免出错。系统锚杆垂直于岩面布置，孔位偏差不大于10cm，孔深偏差不大于5cm。对于随机支护的锚杆，锚杆孔向一般与可能

滑动面交角约为45°。

（4）质量检查：孔深允许偏差为5cm，孔向与孔斜的偏差不大于3%。采用PVC管插入孔底检查孔深，利用全站仪紧靠PVC管来检测孔向与孔斜。

（5）锚杆注浆与安插：系统锚杆注装采用先注浆后插杆的程序。用麦斯特高压注浆机注浆，注浆前孔位应冲洗干净，注浆时要求饱满、密实。锚杆安插需人工配

合1.6m³反铲改装平台。锚杆注装完成后72h内避免扰动。

（6）锚杆施工完成后利用超声波对锚杆注浆密实度进行检测，注浆密实度不得小于80%。

2.3.2 喷钢纤维混凝土施工工艺

喷钢纤维混凝土施工工艺流程见图2。

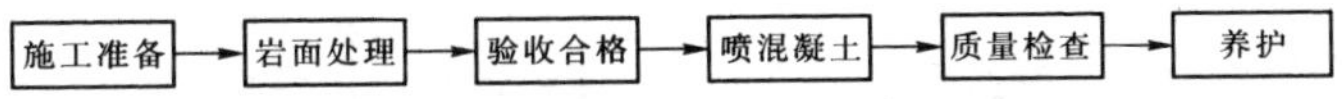

施工准备 → 岩面处理 → 验收合格 → 喷混凝土 → 质量检查 → 养护

图2　喷钢纤维混凝土施工工艺流程图

（1）喷前准备：施工前先对喷射岩面进行检查，清除浮石、墙脚石渣和堆积物等，用高压风水枪冲洗岩面（易潮解的泥化岩层、破碎带和其他不良地质带用高压风清扫），并埋设钢筋作量测喷混凝土厚度标志。有水部位应采取埋设导管的方式进行排水处理，麦斯特喷车准备就绪。

（2）钢纤维混凝土拌制：喷混凝土料在右岸拌和系统进行拌制。其投料顺序是：钢纤维先与骨料进行干拌，再加入水泥进行干拌。搅拌好的钢纤维混凝土不得出现球结现象。

（3）喷混凝土：按湿喷工艺法分段分片依次进行。喷混凝土应自下而上分两层，底层初喷厚度为5cm，待底层初凝后再进行面层喷射。喷嘴与岩面距离1～2m，喷射方向大致垂直于岩面，在保证混凝土密实度的前提下，尽量减少回弹量。

（4）质量检查：喷混凝土厚度通过预埋钢筋作厚度标志或钻孔测深检查，外观质量通过肉眼检查评价，喷混凝土与岩石间及喷层之间的黏结强度可采用预埋试件

或钻芯作拉拔试验。具体试验技术要求按《水电水利工程锚喷支护施工规范》（DL/T 5181—2003）执行。

（5）养护：喷混凝土终凝2h后喷水养护。养护时间一般不少于7d。当周围环境空气湿度不小于85%时，可自然养护。

2.4　爆破振动控制

尾水洞出口岩塞段的爆破振动控制参照鲁地拉水电站地下厂房工程主厂房的爆破振动测试阶段的结果开展，其爆破振动衰减规律的经验公式为：

$$v = 78.605 \left(\frac{\sqrt[3]{Q}}{R} \right)^{1.643}$$

尾水洞岩塞段爆破中心距离闸室最近距离R为13.5m，距离尾水底拱已浇筑底拱混凝土最近距离R为8.5m。根据《水工建筑物地下开挖工程施工技术规范》（DL/T 5099—1999）第2.4.1条，已浇筑底拱及闸室混凝土建筑物最大允许质点振动速度为10cm/s。岩塞段开挖最大单响控制药量Q见表1。

表1　　　　　　　　　　　岩塞段开挖最大单响控制药量表

保护部位	$v_允$/(cm/s)	K	α	$(v_允/K)^{1/\alpha}$	R/m	$(v_允/K)^{1/\alpha}R$	Q_{max}/kg
闸室	10	78.61	1.6430	0.28509576	12.0	3.421	57
上游侧底拱（距离岩塞9m）	10	78.61	1.6430	0.28509576	9	1.996	16.9

从表1岩塞段在开挖时按上游侧已浇筑底拱混凝土为主要保护对象，岩塞段开挖的最大单响药量不得大于17kg。

根据尾水洞岩塞段现场情况，岩塞段的爆破飞石采用以下被动防护方案：

为防止1#～3#尾水闸室孔口1120～1138m高程内受爆破飞石的损坏，需在闸室流道面1138m高程以下满铺一层竹脚手板。竹脚手板外侧采用φ48mm单背管将其连接成整体，间排距为1.5m，内侧利用已有的φ12mm拉筋与钢管连接成整体。未设置φ12mm拉筋的部位需增设φ12mm插筋，长0.5m，外露0.2m，间排距1.5m，与背管连接成整体。

考虑现场实际施工及2012年汛期提前等一些不确定因素影响，若实际施工时出现3#尾水洞出口岩塞开

挖支护作业在2012年汛前暂未施工完成，需在3#尾水闸室闸门封闭后进行剩余部分岩塞开挖支护作业。由此为避免爆破飞石对闸门造成损坏，需在闸室附近设置一道被动柔性防护屏作为3#闸室岩塞段开挖防护预案。防护屏利用竹脚手板作为防护面板，在竹脚手板背面设置φ25mm水平背筋与新增φ25mm插筋焊接；为加强防护屏整体性，背筋后部设置φ48mm竖向脚手架管，并用φ25mm水平拉筋固定整个柔性防护屏。

由于闸门下闸后，爆破冲击波对闸门产生极其不利影响，根据《爆破安全规程》（GB 6722—2003）空气冲击波的计算结果，17kg最大的单响药量岩塞段空气冲击波超压值为0.4MPa。为降低空气冲击波，现采取如下措施：

（1）严格按照爆破设计图进行微差爆破，充分利用

其爆破冲击波干扰衰减作用。

（2）对爆破孔孔口堵塞严密，避免"冲天炮"发生。

（3）闸门前设置一道柔性防护屏（3♯岩塞段开挖防护预案）既可阻挡飞石，又可有效地降低空气冲击波对闸门的损坏。

2.5 开挖质量控制措施

（1）开挖前认真做好控制爆破设计，根据现场地质情况选定合理的爆破参数，以获得满意的成型面，并使爆破振动对围岩影响最小。开挖过程中，根据地质变化情况，经监理工程师批准后及时修正爆破参数，尽量减小超挖，保证无欠挖。

（2）不良地质段岩塞的开挖，应严格按控制爆破参数实行短进尺、小药量爆破，并及时加强支护，以确保围岩（边墙）的稳定。

（3）钻孔严格按照设计钻爆图施工，各钻手分区、分部位定人定位施钻，每排炮由值班技术员按爆破图的要求进行检查，对周边孔进行验收。

2.6 支护质量控制措施

（1）锚杆施工需按相关规范要求进行造孔，砂浆配和比、锚杆注装密实度满足设计要求。

（2）喷混凝土施工的位置、面积、厚度等均符合施工图纸与施工技术要求有关规定，喷混凝土必须采用符合有关标准和技术规程规范要求的砂、石、水泥，认真做好喷混凝土的配合比设计，通过试验确定合理的设计参数，并征得监理人的同意。喷混凝土施工前，必须对所喷部位进行冲洗，预埋规定长度的检验钢筋以量测厚度。

2.7 安全控制

（1）加强地质监测，收集地质情况，指导和调整施工方案，确保施工安全。

（2）作业面需配备足量的照明器具，保证作业安全。

（3）所有进入地下洞室工作的人员，必须按规定配带安全防护用品，遵章守纪，听从指挥。开挖作业人员

到达工作地点时，应首先了解相邻工作面的当前工序情况，并检查所施工的工作面是否处于安全状态，检查已支护部位是否牢固，边墙是否稳定，如有松动块体或裂缝应先予以清除。

（4）地下洞室施工爆破由取得"安全技术合格证"的爆破工担任，严格防护距离和爆破警界。爆破 15min 后，检查人员方可进入工作面，检查照明线路是否安全；检查有无"盲炮"及可疑现象；检查顶拱及边墙有无松动石块；检查支护有无损坏与变形。在进行安全处理并确认无误后，其他工作人员才可进入工作面。"盲炮"的处理主要有几种方法：①重新起爆法；②打平行爆破孔装药爆破法；③聚能诱爆法；④风、水吹管法。

（5）钻孔时严禁在残眼中继续钻眼，并禁止钻孔和装药平行作业。

（6）爆破作业和爆破器材加工人员严禁穿着化纤衣物，并严禁烟火。装药时使用木棍装药，严禁火种。无关人员与机具等均应撤离至安全地点。进行爆破时，所有人员应撤离现场，以确保爆破安全。

（7）施工期间，现场施工负责人会同有关人员对各部分支护进行定期检查，在不良地质段，每班应责成专人检查，当发现支护变形或损坏时，应立即修整加固。

（8）当发现系统支护区的围岩有较大变形或锚杆失效时，应立即在该区段增设加强锚杆，其长度宜不小于原锚杆长度的 1.5 倍。

（9）当喷射混凝土尚未达到一定强度围岩即趋失稳或喷锚后变形量超过设计容许值以及围岩发生突变时，应采取加强支护措施。

（10）把喷层的异常裂缝作为主要安全检查项目，经常进行观察与检查，并作为施工危险信号引起高度警惕。

3 结语

金沙江鲁地拉水电站尾水洞出口岩塞开挖支护施工，优化了施工工艺，使施工按时完成。中导洞采用自下而上分层开挖，两侧扩挖采用自上而下分层爆破，中导洞下层采用小导洞先行、扩挖跟进的反向开挖方法，克服了施工道路石渣短缺、便道布置等困难。

新型堵漏抱箍在排泥管中的应用

寿文荣/中国水利水电第十二工程局有限公司

【摘　要】 在疏浚吹填施工中，绞吸船将海底泥沙经排泥管输送至吹填区域，排泥管因磨损而产生漏洞，需及时堵漏。我们设计的堵漏抱箍，其特点是堵漏及时，不需要停船，而且重量轻，携带、组装方便，保证了绞吸船生产的连续性，大大提高了生产效率和经济效益。

【关键词】 堵漏抱箍　排泥管　堵漏

1　概况

近年来，我国的疏浚行业已形成很大的规模，完成了许多具有世界影响力的填海造陆、造岛疏浚吹填工程。绞吸式挖泥船是主要的施工设备，在港口、航道及造岛施工中广泛应用。绞吸式挖泥船施工主要涉及两方面：挖掘与输送。绞吸船驱动水下绞刀旋转，切削海底的泥沙；绞吸船内水下泵、舱内泵泵轮将被切削的泥沙与海水混合泥水真空吸入离心排出，泵产生排压，通过排泥管将泥沙排至指定的吹填造陆区，完成绞吸疏浚吹填。绞吸船排泥管主要分为水上浮管、水下沉管和岸管三部分。一般绞吸船配备排泥管排距在 4.5km 左右（一台水下泵、一台舱内泵），有些施工吹填需采用三泵绞吸船（一台水下泵、二台舱内泵）或在排距中带水上接力泵站或陆上接力泵站，吹填最长的排泥管排距可超过 10km。可见疏浚吹填项目中排泥管是使用最频繁的管线，直接影响施工效益与效率。

2　损坏原因分析

排泥管（水上浮管、水下沉管、岸管）在长时间的吹填施工中，因磨损、碰损及海水腐蚀等各种原因出现破洞、泄漏，如不及时修补，随着泥沙从破口溢出、冲刷，破口将很快扩大，大量泥沙流失，影响吹填效率，影响施工环境。

2.1　磨损

排泥管将绞吸船从海床绞吸的泥沙排送至指定的吹填区域，其使用寿命与输送的泥沙量、泥沙类型、使用的时间密切相关。按绞吸船 3500m³/h 生产能力（泵清水流量 12000m³/h），排泥管直径 800mm，排送泥沙在排泥管中的最大流速可达 6.6m/s。因泥沙比重比水大，与下管壁摩擦量最多，造成下管壁的磨损。为了充分延长管线的使用寿命，将管线一周分上下左右四弧面，根据管壁测厚情况，依次做下管壁使用。根据曹妃甸海域地质勘探资料，高程 −7.55～18.84m 为灰色、饱和、含贝壳碎屑和少许的云母、颗粒较均匀。局部夹粉土或粉质黏土透镜体。该层层位稳定，分布连续，上软下硬。平均贯穿击数为 16.9 击。经过统计，16mm 壁厚、直径 800mm 的排泥管线，排泥管分别按上下左右四弧面均匀翻转使用，在曹妃甸海域吹填的使用极限为 3000 万 m³ 左右。排泥管线越接近使用极限，使用中管线的下管壁漏点就越多。

2.2　在运输、组装、拆卸过程中碰损

在疏浚吹填施工中，拆卸、倒运、组装及堆放排泥管线极为频繁，作业中无法避免碰撞，管线管壁和管线两端法兰上会产生不同程度的凹陷或变形，特别是磨损较薄的排泥管，凹陷更为严重，这些排泥管壁上的凹陷更容易被输送的泥沙或是碎石磨损，出现漏洞，排泥管产生泄漏，如不及时封堵漏洞，漏洞很快扩大，不得不停船修理，直接影响产量和施工环境。管线两端法兰受到强烈碰撞会产生变形，造成两法兰平面不平，胶垫压不实渗漏泥水，如不及时堵漏，冲出的泥沙会将法兰平面刺破甚至刺断法兰螺栓，刺通法兰，非常难以修复。

2.3　腐蚀

排泥管使用或堆放中，海水和海边空气的长期腐蚀，无法避免管壁锈蚀，管壁越来越薄，这种管壁厚度锈蚀是整体均匀的，每年堆放的腐蚀厚度可达 1.5～2mm。

3　一般排泥管破口

排泥管出现破口，不及时堵漏，破口很快增大。在吹填施工中，管壁上的破口一般有两种情况：易补破口和隐

蔽破口。易补破口是在排泥管破口周围有足够的修补空间，管线维护人员使用气焊、电焊、铆焊工作不受环境影响，可直接不停船进行堵漏作业。隐蔽破口指周围没有可焊接、使用工具的空间，修补位置极其狭小，无法使用修理工具。一般隐蔽破口出现在以下几种情况：①排泥管下管壁，因与地面紧贴，泥沙对管壁磨损大；②排泥管在铺设中，有些必须紧贴或穿过建筑物或障碍物，一旦在其周围出现破口，只能停船补漏管线，生产效率与效益受很大影响。

4 管线破口的一般修补程序

生产期间，管线队必须安排巡线人员。发现管线破口后，立即通知管线队人员到现场查看，根据破口情况相应处置。

（1）如是易补破口，及时安排人员、工具、材料及设备尽快赶到现场处理。管线队应配备小型联体电焊机（汽油发电机与电焊机联体）、挖掘机。首先用土工布（或棉丝、布）堵漏，达到不漏水或少量渗漏，可直接用中间割一直径 10～20mm 排水小孔铁板贴着破口一圈封焊住，然后用螺栓焊堵住小孔，直到不漏水。

（2）若破口隐蔽或用以上的方法无法堵漏破口，只能停船，拆卸管线法兰螺栓，起吊排泥管，拆卸中同时放水放气（有时负压），挖掘机调整排泥管处于可焊接位置，电焊补漏，恢复管线原位，连接管线法兰螺栓，恢复生产。完成一次排泥管修补一般需要 2h 左右。

5 采用停船补漏对生产的影响

停船补漏需停产至少 2h，减少 2h 的产量，恢复生产时主发动机需重新启动，启动时增加了发动机的冲击与污染排放，减少发动机的使用寿命。

停船堵漏期间船舶的发电柴油机一直运行，需消耗燃油。

因海潮、海浪、海风、锚绳受力变化，停船期间绞刀与作业面的位置会产生偏移，绞刀重新开挖时需不断调整，产量逐渐才能恢复到正常，造成一定的产量损失。可见用停船补漏的办法停船时间长，严重影响施工的生产效率。

6 堵漏抱箍堵漏

为了减少因堵漏排泥管引起绞吸船停船生产效率下降，我们设计了一套简捷轻便的堵漏装置——堵漏抱箍（图1），能在不停船的情况下堵漏。

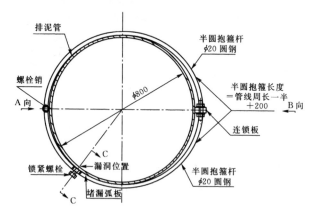

图1 堵漏抱箍总图（单位：mm）

6.1 结构特点

堵漏抱箍适用于管线管壁上易堵破口和隐蔽破口堵漏工作，其最大特点是可在不停船的情况下进行堵漏。堵漏抱箍堵漏板可在半圆抱箍杆上任意调整位置，连锁板与半圆抱箍丝杆锁紧也可调整到可操作位置，使得隐蔽破口不需要停船就可以堵漏。具体结构是：抱箍分上、下各两根半圆抱箍，每根杆端头都焊接 25mm 长的 $\phi42mm$ 无缝钢管套管，螺栓销穿过四只套管、中间定位套及两端垫片后锁紧螺母（图2）。

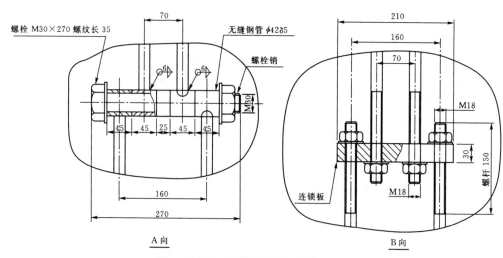

图2 螺栓销、连锁板结构图（单位：mm）

上、下抱箍抱住需补漏的排泥管，开档宽度为160mm的两根半圆抱箍装入堵漏弧板上的隔板槽内，堵漏板中间有一 φ22mm 孔，背面中间焊着 M20 的螺母，不锈钢止漏螺栓旋入螺母中（图3、图4）。

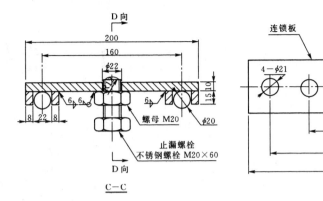

图 3　堵漏弧板、连锁板结构图（单位：mm）

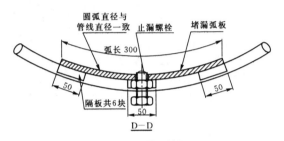

图 4　堵漏弧板详图（单位：mm）

沿抱箍杆调整堵漏弧板位置，堵漏弧板止漏螺栓直接对着排泥管漏洞处，调整另一端连锁板到有使用工具的安装空间位置，使得堵漏抱箍堵漏板上螺栓对着破口，连锁板端移到有锁紧丝杆操作空间的位置。在漏洞口塞进堵漏材料，另一端丝杆部分分别沿上下穿过连锁板 φ22mm 孔依次旋紧螺母（调整到最紧状态），使堵漏弧板紧紧贴着排泥管面上，旋紧顶着堵漏材料的止漏螺栓紧贴洞口，直至堵住漏洞（图2）。

半圆抱箍长度确定：长度＝排泥管外直径（内直径＋2倍壁厚）×3.14/2＋200（mm）。

该抱箍结构简单，组装方便；可重复使用，使用周期长；适应性强，按照不同直径的排泥管都可以制作；制造简单，普通材料制作；堵漏及时，效果好，在连锁板位置确定后（便于人员扳紧抱箍），堵漏弧板可沿包箍杆一周内移动调整，堵点位置精准；重量轻，一个人能携带，整个结构不超过30kg，便于施工现场携带。

6.2　经济效益

在使用堵漏抱箍以前，每次都需停产，拆管线，电焊补漏再恢复生产，耽误生产时间。使用堵漏抱箍，在生产时就能直接堵漏，不需停产，不但保证了生产，又节省了人力和物力。按以前堵漏的方法，需停止生产近2h，如按在黄骅一期施工生产效益计算，即绞吸船平均生产效率为 2100m³/h×8.2 元/m³×2h＝34440.00 元，用堵漏抱箍每次能增加 34440.00 元的产值，同时还减少了停船期间多消耗的燃油。根据统计，在黄骅一期整个工程吹填施工中使用堵漏抱箍堵管 20 处，增加的总产值为 68 万余元。如在吹填量更大的工程，其经济效益将更加明显。

7　结语

我公司现有排泥管近 6500m，已使用 8 年，管壁薄，生产中易出现破口，在没有购置新排泥管时，通过使用堵漏抱箍，可保证生产的连续性。因堵漏及时，排泥管溢出泥沙量可控制，减少对布管通道的环境影响。因此，使用堵漏抱箍提高了生产效率和经济效益，满足安全文明施工的要求。

复杂环境下岩塞爆破装药施工关键技术

李 江/中国水利水电第六工程局有限公司

【摘 要】 刘家峡水电站岩塞爆破为世界上淤泥层最厚的高水头大型岩塞爆破，爆破体量大，多年固结形成的深厚淤泥层结构复杂，施工环境、爆破技术复杂。岩塞爆破需一次性高质量爆通。通过采取科学、合理的装药技术，优质高效完成了装药施工，取得了良好的效果。

【关键词】 岩塞爆破 装药方法 关键技术

1 概述

刘家峡洮河口排沙洞扩机工程岩塞段位于进水口段的最前端。岩塞体体型内口为圆形（内径 10m），外口近似椭圆（尺寸为 21.60m×20.98m），岩塞最小厚度 12.30m，岩塞体方量 2606m³。岩塞进口轴线与水平面夹角 45°。岩塞口最大水深 70.0m，最大淤泥层厚 28.0m，为世界上淤泥层最厚的高水头大型岩塞爆破。岩塞爆破共布置 8 个小型药室、周边 121 个预裂孔和 12 个淤泥孔，采用洞内集中药室和洞外淤泥层协同爆破技术。

岩塞爆破总装药量约 9t，分 11 响起爆，具体起爆程序见表 1。

表 1   岩塞爆破起爆程序表

起爆顺序	延时/ms	起爆部位	备 注
第一响	150	观测信号点	表示起爆开始信号
		1#～7#淤泥孔上部网络	通过引爆导爆索和数码雷管网络起爆淤泥孔内装药
第二响	200	1#～7#淤泥孔下部网络	通过引爆导爆索和数码雷管网络起爆淤泥孔内装药
第三响	250	1#～22#及 99#～106#预裂孔，共 30 孔	起爆预裂孔内导爆索及药卷
第四响	265	23#～46#及 107#～11#预裂孔，共 30 孔	起爆预裂孔内导爆索及药卷
第五响	280	47#～72#及 113#～116#预裂孔，共 30 孔	起爆预裂孔内导爆索及药卷
第六响	295	73#～98#及 117#～121#预裂孔，共 31 孔	起爆预裂孔内导爆索及药卷
第七响	370	4上#、4下#集中药包	引爆药室内起爆药包，且附加双股导爆索
第八响	395	1#、2#集中药包	引爆药室内起爆药包，且附加双股导爆索
第九响	420	3#、5#集中药包	引爆药室内起爆药包，且附加双股导爆索
第十响	445	6#、7#集中药包	引爆药室内起爆药包，且附加双股导爆索
第十一响	470	2-1#～5#淤泥孔非电网络	通过引爆导爆索和数码雷管网络起爆淤泥孔内装药

2 施工重点难点

装药是岩塞爆破的关键环节，也是重中之重。只有按设计要求装药到位，才能保证岩塞爆破的效果。装药环节也是安全控制的关键环节，必须确保安全施工。为此，可采取以下应对措施：

（1）严格现场管理，按照有关操作规程和规范要求，精心组织施工。制定专项安全措施，专人监督落实。

（2）施工前成立专门的管理机构和作业小组。炸药装填必须在爆破技术人员指导下进行，技术人员不到位不得进行作业。每个药室的药量分别堆放，专人记录在案。装入药室的数量也要专人记录，并与设计数量无误，提交给爆破负责人。药室装药分成上下两个独立的体系进行，遵循先下后上、先里后外的原则。其中上部装药具体步骤为：第一步，4#上药室的装填；第二步，1#药室和2#药室的装填。其中下部装药具体步骤为：第一步，3#药室和5#药室的装填；第二步，4#下药室的装填；第三步，6#药室和7#药室的装填。预裂孔装药与药室装药同时进行。

（3）装药填塞时，平洞、导洞（连通洞）、药室内只准用绝缘手电照明，并由专人管理。更换手电筒的电珠、电池在洞外固定的安全地方进行，废电池要如数回收。

（4）淤泥孔装药前，采用与药卷相似的沙袋进行试孔，确定孔深达到要求后，先进行试装药，检验装药工艺是否满足要求，然后再正式进行装药。

按照各淤泥孔的装药组合依次装药。装药前，按照先装底药，再依次装底部药卷、下部起爆体药包、中部药包、上部起爆体、上部药卷的顺序，将药卷分段固定在装药半管上并系上导爆索（必须采用马蹄扣系紧），装入防水塑料袋内，采用吊绳方法缓慢将药卷放入孔内直至孔底，用吊锤法检查药包长度，确定装药位置，保证装药长度满足设计要求，并进行记录。各个淤泥孔内引出的导爆索、导爆管均做好标识。

3 施工平台

洞内药室、预裂孔装药利用钢栈桥、脚手架作为施工通道和作业平台；洞外水上淤泥孔装药利用浮桥作为装药通道，自制水上平台作为装药作业平台。

4 施工方法

4.1 装药施工工艺流程

岩塞爆破装药施工工艺流程见图1。

4.2 装药施工

4.2.1 装药前准备工作

（1）在导洞、药室开挖过程中，现场选择场地做1:1爆破网络模拟试验。

（2）编制装药施工分解图，做好现场技术交底。

（3）施工现场清理：

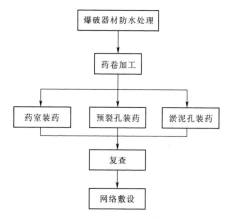

图1 装药施工工艺流程图

1）将所有电气设备和导电器材全部撤离出洞。杂散电流控制在30mA以下。洞室内及闸门井口外50m严禁烟火。

2）药室复查。清查药室，达到室内干净、排水通畅。

4.2.2 运输

洞内所有火工材料通过闸门井运至洞内，然后再利用人工搬运。

（1）通过竖井运输爆破器材，遵守下列规定：

1）事先通知卷扬司机和信号工。

2）在上下班或人员集中的时间内，暂停运输爆破器材。

3）用吊罐运输爆破器材时，速度不超过1m/s；吊罐处有专人负责，药包不得发生坠落。

4）爆破器材不得在井口或井底停放。

（2）用人工往导洞、药室和水上平台搬运炸药时，每次搬运数量不超过两箱（袋），搬运工人行进中，保持1m以上的间距，上下坡时，保持5m的间距。

运送炸药时，不得与雷管混合运送；起爆体、起爆药包或已经接好的起爆雷管，由爆破员携带运送。

4.2.3 起爆体的制作及防水处理

（1）起爆体的外壳采用耐压、不易变形的箱体，箱体接头接缝采用卯榫连接，并用胶黏结。

（2）起爆体箱体制作完成后，装药之前在箱体内壁铺装整张防水塑料布2层，装药按设计要求的方式码放，箱体内的装药空隙用散装炸药填充密实。

（3）雷管插入药卷时注意保护好雷管及雷管脚线，并用高压防水胶布将雷管脚线与药卷相交处封死，防止水渗入；然后再用胶布（绑绳）将雷管脚线、导爆索与乳化炸药药卷绑扎结实，防止脱落。做好雷管脚线出口端、导爆索端头以及起爆体引出线部位的防水、防潮处理。

（4）起爆体中雷管脚线长度为30m，起爆体安装完毕后脚线沿药室和导洞岩壁引出并接入相对应的起爆网络内。

（5）雷管脚线和导爆索引出线在箱体内必须固定牢靠，避免运输安装时拉动起爆雷管和导爆索。

（6）运输安装时必须加强对起爆体及起爆体引出线的保护，防止起爆体及起爆体引出线遭受损坏。

（7）出线孔用棉絮封堵，并将外侧口用黄油封口。

（8）在任何情况下都禁止在药室或导洞内及施工现场进行起爆体的改装。

4.2.4 药室装药

（1）装药作业前查看近期天气预报，避开雨天、雷雨天。

（2）炸药装填必须在爆破技术人员指导下进行，技术人员不到位不得进行作业。每个药室的药量分别堆放，专人记录在案。装入药室的数量也要专人记录，并与设计数量无误，提交给爆破负责人。

（3）药室装药分成上下两个独立的体系进行，遵循先下后上、先里后外的原则。

（4）药室中都是整箱（袋）装填，操作时按设计要求的位置、数量码放整齐，要保证装药均匀。另外还需预留出安放起爆体的位置，起爆体周围用散装炸药卷（原包装）填满，避免遗留大的空隙影响爆破效果。

（5）装卸、运输、码放炸药轻拿轻放，严禁在地面上拖拽炸药袋。

（6）事先做好药室排水通道，药室装药完成后用防水塑料布整体覆盖并固定，防止炸药受潮变质。

（7）在药室的预留位置由技术人员指导爆破员进行起爆体的安放，同时做好起爆体引出导线的理顺和保护工作。引出导线可用套管（夹布输水胶管）予以保护。

（8）装药完毕后，待人员撤出洞外，再对起爆网络进行检查，并由现场负责人签字验收。

（9）装药时，洞室内及闸门井口外 50m 严禁烟火。

4.2.5 预裂孔装药

预裂孔装药与药室装药同时进行。施工时，在排沙洞闸门后部排沙洞内选择适当的位置作为预裂孔药卷加工制作场地，将药卷按照设计要求绑在制作好的竹片上，并绑好导爆索，做好防水处理，将药卷整体装入 PE 管内。然后由人工运到作业面，逐孔进行预裂孔的装药。装药完成并经复查后，及时进行固定和装药堵塞。

4.2.6 淤泥孔装药

（1）装药前，采用与药卷相似的沙袋进行试孔，探其孔内是否有杂物，并测量其孔深。当确定孔内无杂物后，方可进行装药。装药前，先进行试装药，检验装药工艺是否满足要求，然后再正式进行装药。

（2）按照各淤泥孔的装药组合依次装药。将每个待装药孔加工好的分段药放在孔的附近平台上，并进行标识，注明药卷的对应孔号并在装药半管上标注清楚。检查药卷数量、规格、导爆管的安装位置等是否满足要求。

（3）卷装药时，按照先装底药，再依次装底部药卷、下部起爆体药包、中部药包、上部起爆体、上部药卷的顺序，将药卷分段固定在装药半管上并系上导爆索（必须采用马蹄扣系紧），分段长度为 1.5～2.0m，装入防水塑料袋内。

（4）采用吊绳方法缓慢将药卷逐段放入孔底，随放随将吊绳与药卷、装药半管用胶布缠紧固定。并注意不得与导爆管、导爆索缠绕或交叉，以防吊绳用力时损坏导爆管、导爆索。根据下放药卷的情况，当每段药卷下放至露出水面剩 50cm 左右时，接好下一段药卷，并绑好导爆管、导爆索、吊绳，再缓慢下放，直至放入全部药卷。

（5）药卷下放过程中，设专人记录检查放入的药卷数量。

（6）用吊锤法检查药包长度，确定装药位置，保证装药长度满足设计要求，并进行记录。

（7）各个淤泥孔内引出的导爆索、导爆管均做好标识。

（8）用胶布将外露的导爆索、导爆管用胶布固定在外露的 PPR 管管口上，并注意端头的防水。

4.3 爆破网络

岩塞爆破网络采用数码雷管起爆、导爆索起爆的混合网络起爆法，其中数码雷管起爆网络共布置 2 条相同的支路以增强准爆性。

（1）导爆索的连接采用搭接、扭接和水手结等方法连接，为保证传爆可靠，连接时两根导爆索搭接长度不小于 15cm，中间不得夹有异物和炸药卷，捆扎牢固，捆扎段长度不小于 15cm，网络顺传爆方向的夹角小于 90°。

（2）数码雷管起爆网络连接由厂家专业人员来完成。

（3）由于洞内渗水较严重，起爆雷管数量多，雷管装孔前进行一对一的登记造册，以便于装孔、装药，避免出现误操作。

起爆母线布设：装药前在导洞内顶拱部位打 ϕ16mm 小孔（不能先安插筋，连网固定时再插入短钢筋头固定线路），岩塞掌子面及集渣坑右侧墙、排沙洞右侧墙等打 ϕ12mm 膨胀螺栓，用胶带将起爆母线与膨胀螺栓缠绕固定。最终起爆母线从事故闸门井内引出。

4.4 起爆

（1）所有施工工作完成后，参建各方共同对整个网络进行最后连网检测，网络检测合格后，进入起爆工程准备阶段。

（2）警戒：以岩塞口为中心周围 800m 划定为警戒区，爆破前通知当地公安局、海事局等有关单位，岩塞段开始装药后水上禁航。共设置 7 个警戒点：去进口公路、龙汇山庄、黄河上游水面、洮河上游水面、库区坝址处和岩塞口对面两座山各设一点，每个警戒点设置2个人，警戒人员相互联系通信方式统一使用对讲机，全部调至同一规定频道。同时电厂派出所和武警协同一起警戒。

（3）爆破前必须同时发出音响和视觉信号，使危险区内的人员都能清楚地听到和看到。第一次预告信号，第二次起爆信号，第三次解除警戒信号。其他未尽事宜均按《爆破安全规程》（GB 6722—2014）执行。

（4）由厂家专业技术人员起爆。

5　结语

岩塞爆破需一次性高质量爆通，装药施工方法是岩塞爆破成功与否的关键技术。刘家峡岩塞爆破装药施工方案设计合理，充分考虑高水头下浸泡、复杂环境等因素影响，经实施，取得了良好的效果，积累了一些经验和启示：

（1）高水头深厚淤泥层中淤泥孔装药尚未有较成熟的技术，需在施工过程中通过试验确定合理的施工方法，确保药卷能抵达孔底。

（2）高水头下大型岩塞爆破中，爆破器材需浸泡在水下一段时间，导爆索、雷管端头等需要做好防水处理。根据现场实际的水压，通过试验选取适合的防水材料。

（3）在预裂孔、淤泥孔药卷加工前，制定药卷保护措施，避免在装药过程中药卷受损影响爆破效果。

（4）封堵也是装药中的关键项目，尤其是药室封堵，必须做到封堵密实。

玛尔挡水电站导流洞工程技术管理综述

白　涛/青海华鑫水电开发有限公司

黄艳艳/西北勘测设计研究院有限公司

【摘　要】 玛尔挡水电站地处高海拔缺氧区，机械、人员效率明显降低。工程区两岸岸坡陡峻，河谷狭窄，沿河公路布置困难，过坝交通洞、施工支洞与导流洞并行布置。导流洞工程进出口边坡高陡、洞室开挖断面大、体型复杂、工程量大。导流洞工程采取调整增设施工支洞、增设通风竖井等措施，于2013年11月28日实现过流，至今运行正常。该工程在高寒缺氧区实现了20个月的截流目标，现场管理经验可供类似项目借鉴和参考。

【关键词】 玛尔挡水电站　导流洞　技术管理　实践

1　工程概况

玛尔挡水电站位于青海省海南藏族自治州同德县与果洛藏族自治州玛沁县交界处的黄河干流上。坝址地处东经100°41′30″、北纬34°40′22″，高程范围为3080～3350m，属高原寒冷地区。电站距西宁公路里程369km，西宁—果洛S101省道从坝址右坝肩通过。工程规模为一等大（1）型工程，装机容量220MW，枢纽建筑物主要由混凝土面板堆石坝、右岸泄洪放空洞、右岸溢洪道及右岸地下引水发电系统等组成。主要建筑物级别为1级，次要建筑物级别为3级。

导流洞布置于左岸，平面上设置1个转弯，隧洞全长1263.868m，进口明渠长14.455m，出口明渠长133.245m。导流洞进口底板高程为3090.0m，出口底板高程为3079m，隧洞纵坡为闸门前3.774‰，闸门后8.305‰。导流洞断面为城门洞形，过水断面尺寸13m×16m（宽×高）。导流洞封堵闸门采用闸门井方案，闸门井布置在导流洞桩号导0+451.0处，闸室底板高程为3088.5m，启闭机平台高程为3143.9m，闸门井高度45.4m，闸室段长67.5m，内设中墩，设两孔闸门，闸门孔口尺寸6.5m×16m。在桩号导0+215.339处设1#施工支洞上下岔洞、在导0+594.615处设2#施工支洞下岔洞、在导1+080.358和导0+873.471处设3#施工支洞上下岔洞。

根据青海省气象局刊布的同德县气象站1971—2000年地面气候资料统计，年平均气温0.5℃，1月平均气温最低，为−13℃，7月平均气温最高，为11.6℃。平均年降水量425.2mm，年蒸发量1482.4mm，最大风速25m/s，最大冻土深162cm。本地区气候特点是：冬季寒冷干燥，夏季凉爽，雨量集中，春、秋季短且多风，气温日、年差较大，霜期长，雨量少，蒸发大，空气湿度低。冬季受蒙古高压的控制，天气干冷晴朗，常有寒潮侵入，1—2月为全年最冷季节；春季气温回升缓慢，雨量也随之增加；夏、秋季节，因太平洋副热带高压西伸北进，带来大量的水汽，空气湿度增大，降雨量增多，其降雨量占年降雨量的70%以上。

2　工程地质条件

2.1　进口段

进口处基岩为三叠系变质砂岩，岩层走向近东西向，整体倾S，倾角55°～70°，进口处岩体强风化层厚约5m，弱风化（中—厚层）水平深60～80m，以内为微新岩体（厚层为主）。进口洞脸边坡岩体强风化，属Ⅲ2类，边坡整体稳定。

2.2　导流洞洞身段

导流洞围岩以Ⅱ类、Ⅲ类为主，约占全洞段的85%以上，仅进出口段及洞身局部结构面发育带出露少量Ⅳ类岩体。变质砂岩岩层陡倾，与洞轴线夹角小，且存在局部薄层岩体。

2.3　出口洞脸边坡

导流洞出口段位于赛日托沟口上游，基岩为三叠系变质砂岩。此处三叠系与第三系砾岩不整合面自上游至下游逐渐降低，至赛日托沟口已为第三系软岩。岩体为极薄层状（少量互层及中厚层），结构差、强度低，且赛日托沟在沟口切割深窄，岩体质量为Ⅲ2～Ⅳ类。表部覆盖层为滑坡堆积体及强风化、强卸荷第三系软岩，主要为碎裂状第三系泥质粉砂岩，岩层倾向坡外，易沿层面向坡外变形破坏。

3 工程施工特点

（1）工程区冬季寒冷，持续时间长，多年平均气温0.5℃，其中11月至翌年2月平均气温在－13～－7℃；高海拔缺氧造成机械、人员的效率降低。

（2）导流洞围岩以Ⅱ类、Ⅲ类为主，约占全洞段的85%以上，仅进出口段及洞身局部结构面发育带出露少量Ⅳ类岩体。变质砂岩岩层陡倾，与洞轴线夹角小，且存在局部薄层岩体，开挖形成临空面，围岩应力调整，边墙易板状开裂，受缓倾角裂隙影响，顶拱局部可能小范围塌方。

（3）下坝址位于军功盆地上游峡谷出口处，峡谷出口下游为盆地，地形开阔，坝址左右岸为岸顶平台，施工场地布置较为方便。

（4）导流洞布置于左岸，工程区两岸岸坡陡峻，河谷狭窄，枯水期水位约3086m，水面宽40～60m，不具备沿河施工布置公路的条件，施工交通条件较差，仅能通过过坝交通洞和施工支洞进行导流洞施工。

（5）导流洞出口有近8万 m³ 的塌滑体，制约了出口段的施工进度。

（6）建设工期紧张。

（7）进出口边坡高陡，洞室开挖断面大，洞身体型复杂，明挖、洞挖及混凝土工程量大。

4 施工进度控制措施

早日具备过流条件是导流洞工程施工进度控制的最终目标，为确保目标的实现，采取如下措施：

（1）坚持每周例会制度，掌握进度信息，采用网络计划技术，实施动态控制，对于影响工程进度的关键因素进行专题会议，在导流洞施工中针对关键因素进行专题讨论，取得如下成果：

1）施工支洞调整。导流洞标原计划于2012年1月初开工。因各种因素影响，于2012年3月底开工。根据现场左岸低线过坝交通洞及3♯施工支洞下岔洞的施工进尺情况，结合左岸低线过坝交通洞、各施工支洞及导流洞月进尺情况，2♯施工支洞上岔洞到达导流洞的时间2012年5月15日；2012年1月31日3♯施工支洞上岔洞全部完成，导流洞中导洞完成90m（导1＋080.356～导1＋170.356），3♯施工支洞下岔洞2012年

4月22日贯通，决定对1♯施工支洞和2♯施工支洞上岔洞进行调整，增设0♯施工支洞和2♯施工支洞下岔洞。调整后于桩号导0＋215.339处设1♯施工支洞上下岔洞、导0＋594.615和导0＋382.00处设2♯施工支洞上下岔洞、导0＋873.471和导1＋080.358处设3♯施工支洞上下岔洞。调整后单个施工支洞最大控制长度约340m，利用0♯施工支洞进行导流洞进口施工。0♯施工支洞的增设，解决了导流洞进口部位布置及通道的施工问题，同时为截流创造了条件。

2）导流洞进口调整。导流洞进口开挖高程为3109.7～3215.0m，开挖高度为105.3m。覆盖层及石方明挖约2万 m³。为充分利用导流洞进口勘探洞，拟通过加深进口勘探洞，用来施工期通风排烟。参建各方分别于2011年12月和2012年4月对导流洞进口进行了现场查勘。从地质条件看，导流洞进口经清浮清危后，采用锚筋桩、锚索和混凝土护面板支护后，具备强行进洞条件，可解决导流洞进口因交通、供电等引起的制约工程进度问题，同时通过导流洞进口勘探洞加深，可解决导流洞的通风排烟问题。

3）通风竖井。为了改善左岸洞室群的通风条件，加快施工进度，利用左岸3161.5m高程坝轴线附近的PD09地质探洞，在过坝交通洞K0＋549.15处设置一2.0m×2.0m方形的通风竖井，竖井高约41m，明显改善了施工条件。

（2）对工期提前给予奖励，对工程延误期收取误期损失赔偿金。

（3）及时办理工程预付款及工程进度款支付手续。

（4）加强合同管理，按照协商共赢的原则，针对现场问题采取业主、设计、监理、施工四方研究，确定解决方案，同时采用现场联系单的方式确定问题引起的原因，为合同管理提供依据。如对导流洞标段地质缺陷处理，严格按照现场联系单确定的部位为地质缺陷处理段，该部位按合同计量支付，其余部位因赶工原因，仅结算塌方开挖及超填混凝土。

5 充分发挥设计的龙头和监理的现场管理作用

导流洞工程实施中的重大技术问题、重大技术方案都直接关系到工程质量、工程进度及工程费用。青海华鑫水电开发有限公司（以下简称业主）对每一个重大问题都发挥设计的龙头作用，牵头组织设计、监理及施工单位认真进行研究、比较、审定；在每一个重大施工方案实施前，虚心听取各方的意见，同时也把自己的想法提出来供设计和监理考虑，并指出应注意的施工要点、难点。由于准备工作充分，对问题分析得比较透彻，经研究确定的每一重大技术方案都取得了很好的实施效果。

6 充分发挥专家们的指导作用

业主非常重视专家们对工程建设的指导作用。导流洞工程自开工以来，业主组织召开了三次协调会议，水电工程质量监督总站、国家质量监督总站到现场巡视，水电行业资深专家到现场咨询、授课等，每项活动都取得了相当的成效，在电站的建设中起了很重要的作用。专家们在肯定工作成绩的同时，提出了许多宝贵、中肯的建议：依据工程现场形象面貌，确定截流时间为 2013 年 11 月下旬，截流设计标准采用 11 月下旬 10 年一遇平均流量 443m³/s，戗堤堤顶高程按 11 月 20 年一遇洪水流量 1090m³/s 确定为 3105m；根据工程现场的交通及场地条件，截流戗堤布置在围堰上游侧，采用上戗堤截流的方案，以利于形成环形交通，保证截流抛填强度。

7 施工支洞调整及优化

7.1 招投标阶段规划施工支洞

招投标阶段低线过坝交通洞和导流洞施工支洞三维布置图见图 1。

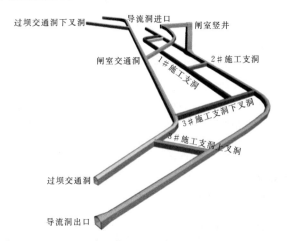

图 1 招投标阶段低线过坝交通洞和导流洞施工支洞三维布置图

7.2 施工支洞调整及优化

导流洞具有洞线较长、进出口边坡高陡、开挖断面大、河谷狭窄、施工道路布置困难等特点，导流洞中部布置闸门井，闸门井施工对洞身施工有一定干扰。根据地形、地质条件、施工工期安排、施工现场的交通要求，为满足导流洞及围堰施工要求，在导流洞出口上游布置过坝交通洞进口，在上游围堰堰顶布置过坝交通洞出口，形成过坝交通洞；在过坝交通洞分岔形成 0#、1#、2#、3# 施工支洞和去闸室交通洞，利用 0# 施工支洞进行导流洞进口施工，利用其他施工支洞进行导流

洞施工，单个施工支洞最大控制隧洞长度约 340m。

由于工程规划的左岸低线过坝交通洞及 3# 施工支洞下岔洞等主要通道受资金、供电及资源投入相对不足、断层影响，施工工期比原计划滞后了 3～4 个月，且由于投标阶段规划的施工支洞基本均以上述两条通道为起点，为了保证主体工程的施工进度，在施工期新增加了 0# 施工支洞，对 1# 施工支洞起点、长度及洞线进行了调整，同时调整了 2# 施工支洞进洞点为左岸低线过坝交通洞，并调整了开挖施工总体程序安排。

8 导流洞进口的优化

8.1 原设计及施工开挖方案

导流洞进口开挖高程为 3109.7～3215.0m，开挖高度为 105.3m。覆盖层及石方明挖约 2 万 m³。原施工采用自上而下的开挖方案，总工期为 113d。

8.2 优化方案

为探明导流洞进口段的地质情况，为明挖优化做准备，同时解决后期导流洞通风排烟，参建各方通过现场查看，形成一致意见：先施工导流洞进口上中导洞，若岩石条件较好，则改变现有开挖方式，做加强支护。

根据中导洞的地质情况，导流洞处于强风化变质砂岩、弱风化变质砂岩及微新变质砂岩，隧洞围岩分类为 Ⅱ～Ⅲ2 类，边坡整体稳定。

根据现场实际情况，导流洞进口岩石直立，整体条件较好，具备优化条件，这样将导流洞进口覆盖层及石方开挖按照现状加强支护，不再开挖。根据施工进度情况，导流洞进口若采用大开挖方案，将工期拖后 4 个月，而且处于关键线路。

为完成 2013 年 10 月截流目标，决定采用优化方案。

9 戗堤优化调整和截流时间调整

9.1 戗堤优化调整

(1) 将戗堤位置由围堰轴线下游侧调整到上游侧 79.25m 处，使戗堤成为上游围堰堰体的组成部分。调整后的截流戗堤堤顶长约 104.50m，堤顶高程 3098.00m，堤顶宽调整为 20m，戗堤按梯形断面设计，迎水面及背水面坡比均为 1：1.5，调整后堤长增加约 20m，堤顶高程降低 7m，堤顶宽减少 10m，工程量减少一半以上。

(2) 技施设计阶段考虑利用左岸过坝交通洞下岔洞的唯一交通条件，拟采用从左岸向右岸进占的单戗堤立堵截流方式。这个方案虽然也考虑设置了车辆运输回转场地，但场地狭小，抛投强度受到限制，应急措施发挥不了效力。另外龙口位于围堰下游侧，受河床自然坡降和龙口最大流速影响，势必特殊材料准备量要相应增大，截流风险相应随之增加。

（3）鉴于截流之前导流洞进口的 0# 施工支洞已经形成的有利条件，截流可以利用 0# 施工支洞与左岸低线过坝交通洞的下岔洞修筑道路，形成物资、截流材料的循环道路。同时提供为截流准备的特殊材料堆放场地，缩短了运输距离，保证了抛投强度，为截流创造了有利条件。

9.2 截流时间调整

根据黄河上游河段水文特性和玛尔挡水电站施工准备阶段的实际情况，截流时间调整为 2013 年 11 月下旬进行，但截流标准采用 $P=20\%$ 不变。经水力学计算分析，11 月下旬截流平均流量为 372m³/s，对应的戗堤前最高水位为 3096.70m。10 月 20 日军功站实测坝址径流量为 463m³/s，11 月 20 日实测坝址径流量为 295m³/s。于是业主决定实施主河床上游围堰截流，承包商于 2013 年 11 月 20 日开始进占，2013 年 11 月 26 日开始合龙，此时戗堤前坝址水位略低于截流所选定的标准，至 11 月 28 日完成围堰合龙，合龙历时 72h，一次性截流成功。

10 施工道路调整和优化

导流洞施工道路及出口段上、下行隧道工程已经进行了部分的开挖支护施工，经过了 2011—2012 年的雨季及冬季，通过对现场实际情况的勘察及有关观测资料的分析，业主结合道路原有功能降低、运输量较原设计流量降低的特点，对上、下行隧洞工程进行优化。

10.1 上、下行隧道进、出口段

（1）进、出口段明洞按原设计执行。

（2）为确保进、出口段结构及洞口部位安全，加强支护，洞口 20m 范围内采用原设计图纸及相关设计通知。

10.2 洞内Ⅳ类、Ⅴ类围岩

洞内Ⅳ类、Ⅴ类围岩支护调整为底板部位 0.77～1.0m 不再开挖。根据现场实际情况，对渗水部位及地质薄弱部位进行浇筑，其余部位依据钢模台车长度跳仓浇筑，未衬砌部位底板浇筑至与排水沟平齐，并预留相应的钢筋接头。

10.3 取消车行横洞

取消施工道路 K0+550～K1+034.5、SK0+525～K0+963.8 段车行横洞（联系洞）工程。

11 料源平衡管理

导流洞工程提供给承包人堆放工程开挖弃渣料的弃渣场为左岸下游旗中沟弃渣场，弃渣容量为 80.55 万 m³；左岸下游水磨沟弃渣场，弃渣容量为 29.5 万 m³，共计约 110.05 万 m³。导流洞工程实行料源平衡动态管理，实际出渣量约 95 万 m³，扣除导流洞工程混凝土用量约 28 万 m³、消能区防护围堰填筑量约 35 万 m³、赛日托沟中弃渣估算方量约 8 万 m³ 外，所有弃渣中转后全部用于 64 万 m³ 围堰填筑。

12 通风竖井

为了改善左岸低线过坝交通洞及其附近导流洞施工支洞的通风条件，加快施工进度，在左岸 3161.5m 高程坝轴线附近的 PD09 地质探洞与过坝交通洞垂直相交处设置一 2.0m×2.0m 方形的通风竖井，竖井高约 41m，通至过坝交通洞 K0+549.15 附近顶拱。

13 索赔管理

业主内部对索赔管理非常重视，多次组织设计、监理及施工单位等四方进行专题讨论。尤其对导流洞标段地质缺陷处理，依据合同及边界条件变化确定了相应的处理原则。比如钢拱架及塌方部位超喷混凝土按合同洞身部位喷混凝土计量计价，其余部位超填混凝土按回填混凝土计量计价（扣除利润），塌方体清运按合同不良地质石方开挖清理。这些原则的确定，确保了公司及施工单位的利益。

14 质量和安全管理

导流洞工程自招标开始即确定了确保土建工程单元工程合格率 100%，优良率 90% 以上，金结电气工程单元工程合格率 100%，优良率 95% 以上，确保工程质量达到国家优质工程标准。制定了安全管理目标，即不发生责任性人身死亡和群伤事故；不发生较大及以上生产安全事故；不发生较大及以上火灾事故；不发生重大及以上交通责任事故；确保人身和设备安全，努力实现"零事故"目标；不发生造成恶劣影响的事件。

业主内部成立质量安全管理部门，会同监理单位对导流洞工程的质量、安全进行管理，同时要求承包商按照合同约定建立健全质量、安全管理组织机构及保证体系。通过现场质量安全巡视、周（月）质量安全例会、制定质量安全奖惩制度、第三方试验中心检测；水电工程质量监督总站、国家质量监督总站到现场巡视；要求承包商制定措施对原材料检测试验、测量控制、土石方

明挖质量控制、洞室开挖质量控制、锚喷支护及排水孔质量控制等，对施工质量进行有效管控。质量安全管理与进度管理相辅相成，有效地促进了进度管理目标的实现。

15 结语

玛尔挡水电站地处高海拔缺氧区，机械、人员效率明显降低。工程区两岸岸坡陡峻，河谷狭窄，沿河公路布置困难，过坝交通洞、施工支洞与导流洞并行布置。导流洞工程进出口边坡高陡、洞室开挖断面大、体型复杂、工程量大。导流洞工程于 2012 年 3 月 31 日正式开工，采取调整增设施工支洞、增设通风竖井、工期提前奖励、物料平衡管理、质量安全管理和现场四方协商处理机制等措施，于 2013 年 11 月 5 日基本完工，2013 年 11 月 28 日实现过流，工程至今运行正常。该工程实现了在高寒缺氧区 20 个月的截流目标，现场技术管理经验可供类似项目借鉴和参考。

峡江水利枢纽鱼道设计施工与运行

翟梓良　张曦彦/中国水利水电第十二工程局有限公司

【摘　要】 峡江水利枢纽是一座以防洪、发电、航运为主，兼有灌溉、供水等综合效益的水利枢纽工程。枢纽区每年都有大量青、草、鲢、鳙"四大家鱼"等洄游鱼类从鄱阳湖经南昌、丰城、新干，最终到达峡江以上的赣江中上游段产卵。为此峡江水利枢纽专门规划建设了可供鱼类洄游的鱼道。本文就峡江水利枢纽鱼道选型布置、主要结构设计及施工运行进行介绍，以为类似工程提供借鉴。

【关键词】 鱼道　设计　施工　运行

1 前言

鱼道是水利枢纽中为鱼类洄游而兴建的一种过鱼建筑物，是保护天然渔业资源、达到生物多样性及可持续发展的一种措施。

江西峡江水利枢纽位于赣江中游干流上，是一座以防洪、发电、航运为主，兼有灌溉、供水等综合效益的水利枢纽工程。赣江是鄱阳湖流域第一大江，数十种鱼类在此繁衍、栖息。每年4—7月鱼类的繁殖季节，都有大量赣江青、草、鲢、鳙"四大家鱼"等洄游鱼类溯流而上，从鄱阳湖经南昌、丰城、新干，最终到达峡江以上的赣江中上游段产卵。此后鱼卵随着激流向下游漂浮孵化，形成了鱼类特定路线。作为鄱阳湖生态经济区建设的重点水利工程，峡江水利枢纽工程的建成、运行带来了显著的社会效益和经济效益。在工程勘测设计过程中，如何让鱼类顺利洄游，保持正常的生存繁衍，曾是一道难题。

2 鱼道选型设计

2.1 主要过鱼对象及过鱼季节

枢纽区主要过鱼对象为洄游及半洄游鱼类，有青鱼、草鱼、鲢鱼、鳙鱼以及赤眼鳟等。

过鱼季节根据过鱼种类的迁徙结合工程的运行方式确定。根据上述鱼类的繁殖习性，确定每年4—7月底是本工程的最主要过鱼季节，其他季节也兼顾过鱼需要。

2.2 过鱼方案及鱼道选址

（1）过鱼方案。过鱼设施的形式多种多样，比较了鱼道、仿自然通道、升鱼机、鱼闸等多种方案。几种过鱼设施的优缺点比较见表1。

表1　几种过鱼设施优缺点比较

方案	优点	缺点
鱼道	消能效果好； 结构稳定； 占地小； 连续过鱼	设计难度较大； 不易改造
仿自然通道	适应生态恢复原则； 鱼类较易适应； 连续过鱼； 易于改造	消能效果差； 结构不稳定； 适应水位变动能力差； 占地较大
升鱼机	适合高水头工程	不易集鱼； 操作复杂； 运行费用较高
鱼闸	适合高水头工程	操作复杂； 运行费用较高
集运鱼设施	适合高水头工程	操作复杂； 运行费用较高

本枢纽工程属中低水头工程，最大水头13m左右，要求过鱼连续、过鱼效果稳定、运行费用低。鱼道在中低水头水利工程都有广泛的应用，能够在较短的距离达到稳定且满足鱼类需求的流速和流态。所以在本工程采用鱼道形式。

（2）鱼道选址。多数水电站运行反馈很多鱼类会聚集至电站尾水处。本工程电站位于右岸，可以保证常年有水流下泄，且地形条件允许，鱼道主进口布置在电站厂房尾水渠右侧，进口紧靠尾水，依靠尾水诱鱼，是理想的鱼道选址（图1）。

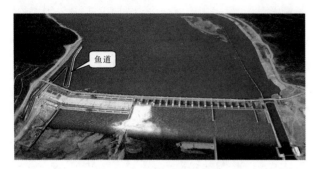

图1 鱼道平面布置示意图

2.3 运行水位与设计流速

（1）运行水位。鱼道上、下游的运行水位，直接影响到鱼道在过鱼季节中是否有适宜的过鱼条件，鱼道上、下游的水位变幅也会影响到鱼道出口和进口的水面衔接和池室水流条件。运行水位设计不合理，会造成到达鱼道出口处的鱼无法进入上游河道，下游进口附近的鱼无法进入过鱼设施。

在过鱼季节，鱼道进口需要保证一定的水深，且水深不可过大，否则在鱼道的进口段流速大大减缓，进口诱鱼效果变差。鱼道出口底板不可露出，且需要保证一定的水深。

综合上述分析，本工程鱼道出口设计水位为44（预泄消落）～46m（最高运行水位），鱼道进口设计水位为33.00（开两台机）～36.61m（机组全开），最大设计水位差13m。

（2）设计流速。过鱼设施内部的设计流速是过鱼设施成败的关键环节之一，通常是由过鱼对象的克流能力决定。

鱼道内流速的设计原则是：过鱼设施内流速小于鱼类的巡游速度，这样鱼类可以保持在过鱼设施中前进；过鱼断面流速小于鱼类的突进速度，这样鱼类才能够通过过鱼设施中的孔或缝。

鱼类的克流能力一般用鱼在一定时间段内可以克服某种水流的流速大小来表示，可分为巡游速度（cruising speed）和突进速度（bust speed）。本工程主要过鱼对象为青鱼、草鱼、鲢鱼、鳙鱼及赤眼鳟，因此过鱼设施内部设计流速可以参考四大家鱼的克流能力来确定。

"四大家鱼"的喜爱流速在0.3～0.5m/s之间，除去试验鱼体力原因，极限流速在1.0～1.5m/s左右。

依上述分析，本工程鱼道隔板过鱼孔流速设计为0.7～1.2m/s，这样的流速可以满足"四大家鱼"的上溯需求。通过在鱼道底部适当加糙，降低底部流速，也可以使其适应一些游泳能力相对较弱的鱼类通过。

2.4 鱼道结构

（1）结构型式选择。鱼道由一级一级的水池组成，通过水池内的隔板起到消能和减缓流速的目的。目前常见的几种鱼道结构型式有丹尼尔式、溢流堰式和垂直竖缝式三种。

丹尼尔式鱼道、溢流堰式鱼道和垂直竖缝式鱼道都有各自的优缺点，分别适应不同的鱼类、工程以及水文特征。表2为三种鱼道的优缺点比较。

表2
三种鱼道优缺点比较

鱼道	优点	缺点	备注
丹尼尔式鱼道	消能效果好，鱼道体积较小； 鱼类可在任何水深中通过且途径不弯曲； 表层流速大，有利于鱼道进口诱鱼	鱼道内水流紊动剧烈，气体饱和度高； 鱼道尺寸小，过鱼量少	适合水头差较小的河流和游泳能力较强的鱼类
溢流堰式鱼道	消能效果好； 鱼道内紊流不明显	不适应上下游水位变幅较大的地方； 易淤积	适合翻越障碍能力较强的鱼类（如鳟鱼、鲑鱼）
垂直竖缝式鱼道	消能效果较好； 表层、底层鱼类都可适应； 适应水位变幅较大； 不易淤积	鱼道下泄流量较小时，诱鱼能力不强（需要补水系统）	应用范围较广

其中，垂直竖缝式鱼道有一种横隔板式鱼道。它是利用横隔板将鱼道上下游的总水位差分成多个梯级，并利用水垫、沿程摩阻及水流对冲、扩散来消能，达到改善流态、降低过鱼孔流速的目的。横隔板式鱼道的水流条件易于控制，能用在水位差较大的地方，各级水池是鱼类休息的良好场所，且可调整过鱼孔的型式、位置、大小来适应不同习性鱼类的上溯要求，结构简单，维修方便，故近代鱼道大多采用此种型式。根据本枢纽所在河段河道地形及水位特点，选择横隔板式鱼道。

横隔板式鱼道池室结构见图2。

（2）池室尺寸。鱼道宽度由过鱼量和过鱼对象个体大小决定，过鱼量越大，鱼道宽度要求越大。国外鱼道

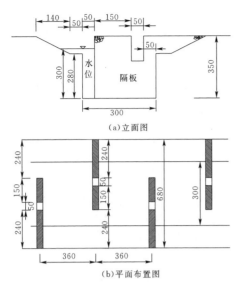

（a）立面图

（b）平面布置图

图2　横隔板式鱼道池室结构图（单位：cm）

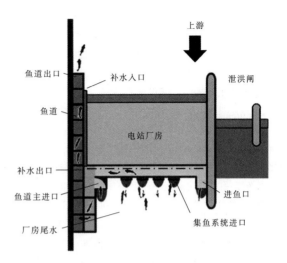

图3　集鱼系统及工作原理示意图（平面）

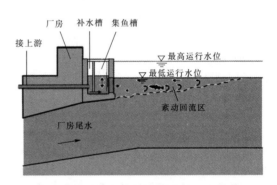

图4　集鱼系统及工作原理示意图（纵剖面）

宽度多为2～5m，国内鱼道宽度多为2～4m。由于坝址处鱼类种类和资源都较为丰富，为满足过鱼需要，本鱼道宽度取3m。

池室长度与水流的消能效果和鱼类的休息条件关系密切。较长的池室，水流条件较好，休息水域较大，对于过鱼有利。同时，过鱼对象个体越大，池室长度也应越大。本鱼道池室长度取3.6m。

池室内的竖缝宽度直接关系到鱼道的消能效果和鱼类的可通过性，一般要求竖缝式鱼道的竖缝宽度不小于过鱼对象体长的1/2，国外同侧竖缝式鱼道宽度一般为池室宽度的1/8～1/10，而我国同侧竖缝的宽度一般为池室宽度的1/5，为水池长度的1/5～1/6。本工程竖缝宽度为0.5m，一般鱼类均可以顺利通过。

鱼道的坡度和鱼道中水的流速有密切关系，综合考虑到过鱼对象并满足设计流速需求，本鱼道坡度设计为1/60。

鱼道水深主要视过鱼对象习性而定，底层鱼和体型较大的成鱼相应要求水深较深。国内外鱼道深度一般为1.0～3.0m。本鱼道深度设计为3.5m，正常运行水深设计为3.0m。

2.5　集鱼系统

本鱼道设置集鱼系统，用以利用电站发电尾水诱鱼，提高鱼道进口进鱼效率。集鱼系统由分布于厂房尾水平台上的辅助进口、输鱼槽、补水槽、消能室、出水栅和电动闸门等设施组成，工作原理见图3、图4。

集鱼系统补水槽设在安装间左侧靠近厂房处，在进水口设置补水槽控制闸门，水槽孔口尺寸为150cm×150cm方形。补水槽长度90cm，进口底高程43m，出口底高程34m。下泄水流击打在下游补水系统的水面并通过补水系统与集鱼系统之间隔墙上的多个补水孔进入

集鱼系统。补水系统与集鱼系统宽度分别为100cm和200cm，长度均为210m，沿尾水前沿通长布置，顶部高程37.11m，底部高程31.46m。集鱼系统在不同高程设置进鱼孔，以满足不同水位条件下进鱼需要。

2.6　观察室

鱼道观察室设置在低水位进口和高水位进口汇合处，布置在鱼道一侧。在此处设置观察室可以观察到高、低两个进口段的过鱼情况，并统计成功上溯的鱼类种类和数量，评估过鱼设施的过鱼效果，以便将来改进过鱼设施的结构，改善过鱼效果，同时兼具宣传和演示功能。

观察室面积约40m²，放置摄像机、电子计数器等设备。底层不设亮窗，用绿色或蓝色防水灯来照明。观察室内靠高水位进口段和低水位进口段的侧壁上各设有观察窗，用来观察鱼类的洄游情况。观察窗材质为钢化玻璃贴一层半透明膜，使观察者能够看到过鱼设施中的鱼类，而鱼类看不到观察窗外的人。观察室减少人工照明，光源颜色选择为绿色、蓝色，减弱光线以免鱼类受到惊吓和干扰。

鱼道内设有光电计数器以及水下摄像机，记录洄游鱼类的种类及数量，同时观察鱼在通道中的姿态，判断

鱼类对通道的适应能力和疲劳程度。摄像机录制的影像供研究人员及游客观看，可为今后对鱼类的洄游规律和生活习性的研究以及鱼道的建造提供依据。

3 鱼道施工

鱼道土方及砂石料开挖采用 1.6m³ 反铲装渣，20t 自卸车运输。石方开挖采用松动梯段爆破，边坡采用预裂爆破，爆破孔采用高风压钻机钻孔，预裂孔采用中风压潜孔钻钻孔，1.6m³ 反铲装渣，20t 自卸车运输。鱼道建筑物基础底部回填，采用分层回填，分层压实。

鱼道基础混凝土分段施工，各段长度不超过 10m，最大底宽 14m。鱼道两侧边墙分层施工，采用 3.0m×3.0m 悬臂模板，其余部位均采用钢模板，门槽二期混凝土采用木模板。模板采用履带吊吊运就位，仓内采用拉模筋固定。钢筋由加工厂加工完成，运输至现场绑扎安装成型。鱼道混凝土水平运输采用搅拌车运输，由 50t 履带吊入仓。

4 鱼道运行及过鱼效果

4.1 运行方式

每年的 4—7 月为峡江鱼道的过鱼季节。因此，在此季节对鱼道进行运行控制比较频繁。运行方式主要有两种：

（1）正常运行。当上游水位高于下游水位，且下游运行水位在鱼道 1 号、2 号进口设计水位范围内时，上、下游挡洪闸及进、出口闸门全开，利用上下游水头差形成鱼道的过鱼流速。

（2）控制运行。当下游水位较低的时候（主要在春季），下游的过鱼孔过水断面比上游的小；在下游水位下降时，鱼道水面线来不及调整，出现严重的局部跌落

现象，导致进口段隔板过鱼孔的流速比上游大得多，影响幼鱼的上溯。因此，需要采取控制运行的方式，将鱼道下游进口闸门保留一定开度，鱼道出口闸门全开，使鱼道内水位逐渐升高，流速减小，使鱼道出口处平均流速为 0.1～0.3m/s，已进入鱼道的鱼类即可顺利上溯。

4.2 过鱼效果

目前，据监测，自去年 9 月 10 日至 10 月 23 日，监测到的过鱼种类主要包含鳜、大眼鳜、银鲴、鳊、黄颡等 13 种鱼。小鱼（鱼长 20cm 以下）游出数量 15217 尾，中鱼（鱼长 20～50cm）游出数量为 15649 尾，大鱼（鱼长 50cm 以上）游出数量为 1249 尾，游出鱼数共 32115 尾；小鱼游入 12616 尾，中鱼游入 9733 尾，大鱼游入 626 尾，游入鱼数共 22975 尾。据统计，游入游出鱼数共计 55090 尾。其中，9 月过小鱼 24778 尾，中鱼 14241 尾，大鱼 1279 尾，总计 40298 尾；10 月过小鱼 3055 尾，中鱼 11141 尾，大鱼 596 尾，共 14792 尾。按日计算，每日过鱼 1252 尾。从目前数据看，鱼道过鱼数量基数比较大，过鱼效果比较好。

5 结语

2016 年 9 月 19—20 日，江西省环境保护厅会同省水利厅组织吉安市环境保护局等有关部门对峡江水利枢纽工程开展蓄水阶段环境保护验收。验收认为，峡江水利枢纽工程较好落实了环评及批复的各项环保措施，进行了必要的鱼类洄游行为与水力学条件调查及生态学研究，实施阶段进一步优化的过鱼设施，设计先进合理。根据初期运行观测，峡江过鱼设施合理有效；同时结合鱼类增殖放流、建立鱼类栖息地保护区等措施，将工程建设对鱼类资源的不利影响程度降至最低，取得良好效果，可为新建大型中低水头水利工程提供借鉴。

不良地质条件下尾水调压室开挖支护施工技术

张永岗　黄金凤/中国水利水电第十四工程局有限公司

【摘　要】　黄登水电站设有两个尾水调压室，两尾水调压室间设连通上室。调压室规模大，为圆筒阻抗式，顶部为球形穹顶，井身三次变径，形体变断面多，圆形井身底部与尾水三叉管相交，形成立体的四岔口形式，结构复杂，较差的地质状况极易造成形体破坏。施工过程实施动态管理，采取了多种保安全、保形体的综合施工措施，取得了较好的成果。

【关键词】　尾水调压室　不良地质　结构复杂　开挖支护

1　概况

1.1　工程概况

黄登水电站尾水调压室为地下式，由2个调压室组成，高程1455.00m以上为圆筒式调压井，高程1455.00m以下为调压室与尾水隧洞、尾水支洞相交部分（尾水隧洞、尾水支洞洞顶高程为1456.70m），在高程1455.00m调压井由大断面突变为小断面，突变部位设置有岩台，后期浇筑混凝土形成阻抗板。调压井开挖直径为32.4～36m，底部开挖高程为1437.00m，顶部开挖高程为1514.54m，高77.54m，两室中心距为70m。调压井自高程1505.15m以上为球形穹顶，球形半径为18.68m。两尾水调压室间在高程1488.20m设连通上室，连通上室断面为城门洞形，开挖断面尺寸为13.9m×16.9m（宽×高）。

1.2　地质条件

黄登水电站尾水调压室地段地层主要为T3xd7、T3xd8变质火山角砾岩、变质火山细砾岩夹变质凝灰岩，微风化—新鲜岩体。围岩受F230-1和F230-2两条相互交叉的Ⅲ级断层影响较大。其中F230-1刚好横穿1♯尾水调压室，上游侧与1♯尾水支洞贯通，断层影响带宽度约30cm；F230-2从左向右分别穿过1♯尾水调压室下游井壁、连通上室、2♯尾水调压室上游井壁，断层影响带宽度约100cm，与F230-1在1♯调压室下游侧井壁交汇。此外，1♯调压室开挖揭露Ⅳ级结构面有19条，其中断层7条，挤压面12条。因此，调压室所处位置整体地质条件较差。

2　施工规划

2.1　施工通道

（1）调压室顶部分别设置5♯-1、5♯-2、5♯-3三条施工支洞。其中，5♯-1施工支洞与2♯尾水调压井相接，5♯-2施工支洞与连通上室相接，5♯-3施工支洞与1♯尾水调压室相接，这三条施工支洞是尾水调压室上部开挖支护的主要施工通道。

（2）每条尾水调压室底部与1条尾水隧洞和2条尾水支洞相通，井筒出渣主要通过调压室的溜渣井溜到尾水洞，再经尾水洞的施工支洞运输出洞外。

2.2　总体施工方法及程序

（1）根据不同的地质条件，1♯尾水调压室先从5♯-3施工支洞升坡至调压室穹顶进行先锋槽的开挖，然后从两侧进行扩挖，扩挖采取"先剥皮，后掏心"的方式进行。2#尾水调压室从5#-1施工支洞升坡至调压室穹顶进行先锋槽的开挖，然后从中心向两侧进行扩挖，扩挖采取"先掏心，后剥皮"的方式进行。

（2）井筒采用反井钻先开挖导井，然后扩挖成4.0m直径的溜渣井，最后分层进行二次扩挖成型的施工方法。

（3）开挖时由于岩石不同的结构面相互切割，围岩浅表层变形掉块现象突出，多次出现开裂掉块及喷混凝土剥落现象，除了短进尺、及时支护，增加锚杆、锚筋桩、预应力锚索、预应力锚杆等常见的支护措施外，井壁掉块及喷锚剥落部位增加了GPS2型主动防护网，降低了安全隐患，有效抑制了施工过程中对人员的伤害。

（4）尾水调压室下部与尾水隧洞和2条尾水支洞相贯通，形成"四岔口"的特殊断面。在尾水调压室"四岔口"开挖时，为了保证"四岔口"下部尾水隧洞、尾水支洞围岩的稳定，采取先导洞后扩挖的原则，并对交叉口部位临近尾水调压室侧12m长洞段的尾水隧洞和尾水支洞进行0.5m厚的一期钢筋混凝土预衬砌；在顶部及高边墙部位增加了上仰对穿锚索及预应力锚杆；在"四岔口"贯通之前将该部位先进行固结灌浆施工。这些措施有效解决了复杂地质条件下"四岔口"极易坍塌、掉块的风险，保证了安全施工。

3 主要施工方法

3.1 尾水调压室施工分区

尾水调压室共分为五个区施工（图1）。

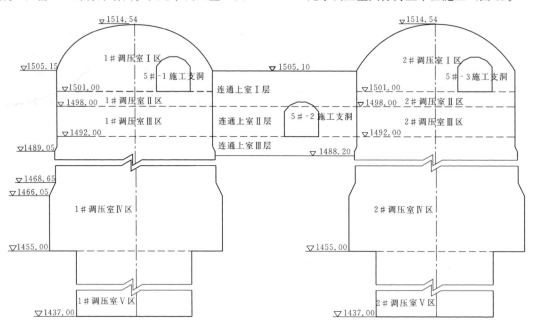

图1 尾水调压室开挖分区图

3.2 尾水调压室Ⅰ区开挖

3.2.1 1#尾水调压室Ⅰ区开挖

1#尾水调压室以5#-3施工支洞作为施工通道先进行先锋槽的开挖。先锋槽起始断面为7m×5m（高×宽），顶部沿设计边线进行造孔开挖至穹顶中心部位，下部采用升坡，坡度为20%。该槽段开挖时，为避免错台，每次进尺不得大于1.2m，每次出渣后，及时进行系统支护。

先锋槽完成后，从两侧进行扩挖，扩挖采取"先剥皮，后掏心"的方式进行（图2），即分两区进行施工，先进行设计边线处的开挖（A区），临时支护及时跟进，进尺为1m。中间剩余区域（B区）延迟A区4排炮施工，进尺控制为2m。扩挖完成后，进行高程1503.00～1501.00m部位的开挖支护施工。

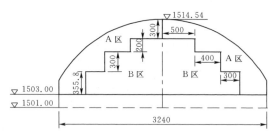

图2 1#尾水调压室穹顶开挖示意图（图中所示尺寸除高程外其余均为cm）

3.2.2 2#尾水调压室Ⅰ区开挖

2#尾水调压室以5#-1施工支洞作为施工通道进行先锋槽的施工，先锋槽高7m，宽5m，先锋槽水平开挖，开挖至穹顶设计边线。

在先锋槽开挖至设计边线后，大断面进行槽段的开挖，顶部沿设计边线进行造孔，开挖至穿顶中心部位，下部均用石渣进行回填，坡度可达 20%，施工方法同 1♯尾水调压室。

先锋槽施工完成后，自中心向两侧进行开挖，鉴于开挖断面较宽，开挖过程分为 A、B、C 三个区进行施工（图3），B、C 区开挖滞后 A 区两排炮，每次进尺不得大于 1.0m，开挖完成后及时进行系统支护，支护完成后方可进行下一段开挖。

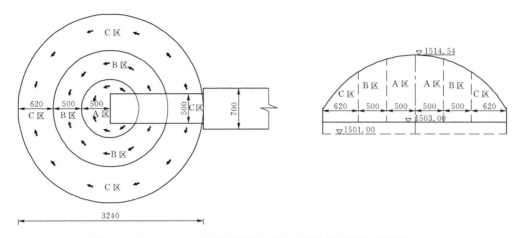

图3 2♯尾水调压室穿顶开挖分区图（图中所示尺寸除高程外其余均为 cm）

3.3 尾水调压室Ⅱ区、Ⅲ区开挖

尾水调压室Ⅱ区开挖底部高程为 1498.00m，从 5♯-1施工支洞进入 2♯尾调室，然后降坡 10.8% 开挖至连通上室Ⅰ层底部高程 1498.00m，先向右开挖，待完成 1♯尾调室Ⅱ区开挖支护后，再从右向左推进，依次完成连通上室Ⅰ层剩余工程、2♯尾调室Ⅱ区开挖支护工程，同时以 14% 的坡比回填施工道路至 5♯-3施工支洞作为施工通道。

尾水调压室Ⅱ区施工高度为 3m，采用 YT-28 手风钻进行造孔爆破，先进行掏槽至调压室中心，再向两侧进行扩挖，扩挖时设计周边预留 2m 厚的保护层，随下一次扩挖进行爆破，扩挖采用 YT-28 手风钻造竖直孔进行开挖（周边光爆），开挖完成后及时进行支护施工；连通上室Ⅰ层采用钻架台车配手风钻造水平孔开挖，周边光爆，Ⅱ、Ⅲ类围岩全断面开挖，Ⅳ、Ⅴ类围岩段分上下台阶开挖，支护及时跟进。

连通上室Ⅱ层及尾调室Ⅲ区从 5♯-2施工支洞向两侧进行开挖施工，开挖方法同上。

3.4 尾水调压室Ⅳ区开挖

尾调室Ⅳ区主要为井挖，因此主要施工程序为先用反井钻进行导井开挖，后进行溜渣井一次扩挖，最后分层进行二次扩挖施工。在尾水调压室Ⅳ区开挖之前，应先通过尾水隧洞打设中导洞至尾水调压室底部，中导洞开挖断面为 8m×9m。

3.4.1 导井施工

导井采用 LM200 反井钻机开挖，设备通过连通上室运至工作面，安装完成后先从上至下用反井钻机打 ϕ216mm 先导孔与下部中导洞贯通，再用 LM200 反井钻机从下反向掘进扩挖成 ϕ1.4m 导井。

3.4.2 溜渣井开挖施工

鉴于调压井开挖断面较大，为了保证开挖石渣不造成堵孔等情况发生，溜渣井确定直径为 4.0m，自上而下依次通过扩挖形成。利用吊笼，人工采用 YT-28 手风钻进行造孔，每段爆破高度为 2m，分段爆破扩挖至 ϕ4.0m 的溜渣井。

3.4.3 扩挖成型施工

溜渣井成型后，再自上而下分层进行扩挖，分层高度为 3m。导井扩挖清渣完成后，利用 ϕ5.0m 的井盖将溜渣井封闭，人工在其上进行掏槽开挖，掏槽断面为 2m×2m，采用手风钻进行造孔，分段爆破，每次进尺不得大于 4m，直至开挖至设计线，人工配合 0.8m³ 反铲进行扒渣，渣料从溜渣井溜至竖井下方，采用 3.4m³ 装载机装 20t 自卸汽车出渣，尾水隧洞作为出渣通道。

由于开挖断面较大，为了提高扒渣效率，在井筒内放置一台斗容 0.8m³ 的挖掘机，用于爆渣扒甩及工作面清理，并随开挖工作面逐步下降，有效提高了劳动效率，缩短了排炮循环时间。

3.5 尾水调压室Ⅴ区（"四岔口"）开挖

3.5.1 "四岔口"开挖分层

尾水调压室"四岔口"是开挖施工的关键部位，以水平向开挖为主，垂直方向分Ⅰ～Ⅲ三个区，水平方向分5层进行开挖支护（图4）。其中，第②层为前期已开挖的导洞，第⑤层为保护层。每层完成一区开挖支护后，再进行另一区开挖支护施工，每层开挖支护全部完成后再进行下一层施工。

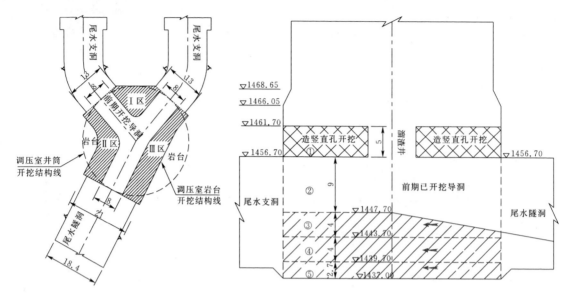

图 4 尾水调压室"四岔口"开挖分区、分层图（图中所示尺寸单位均为 m）

3.5.2 "四岔口"开挖程序

尾水调压室"四岔口"开挖总体程序为：高程 1461.70m 以上开挖支护完成→与尾水调压室相交的尾水隧洞和尾水支洞一期预衬砌混凝土施工完成→高程 1461.70～1456.70m 开挖、支护→尾水调压室与尾水隧洞、尾水支洞相交部位锁口锚杆施工→第②层中导洞扩挖至设计边线→第③层边墙预裂→第③层造水平孔爆破→第③层支护→第④层边墙预裂→第④层造水平孔爆破→第④层支护→保护层水平光面爆破→保护层支护。

由于"四岔口"挖空率较高，开挖后应力调整幅度大，所留岩梗体承受应力增幅大，所以采用导洞超前先行，使部分围岩应力提前释放，再分层分块开挖，并且开挖一部分，支护一部分，以免产生较大的应力调整，从而产生过多的片帮剥离、应力松弛等现象。

3.5.3 "四岔口"开挖方法

（1）尾水调压室高程 1456.70m 以下为"四岔口"，采用平洞开挖方法，尾水调压井随着尾水隧洞及尾水支洞逐层向下开挖。在尾水调压室开挖至高程 1464.00m 时，开挖的石渣暂不出渣（起到暂时抑制井筒变形的作用），在底部垫渣进行高程 1464.00～1456.70m 的扩挖，距高程 1456.70m 上部约 5m 时开始采用造竖直孔分两区光面爆破。待高程 1456.70m 以上全部开挖支护结束后再将除施工通道垫渣外多余石渣运输至洞外。前期，在进行调压井开挖的过程中已将尾水隧洞导洞贯通，尾水调压室下挖至下部隧洞洞顶后即进入"四岔口"的开挖，"四岔口"开挖以尾水隧洞为施工通道，首先，进行尾水调压室高程 1456.70m 预应力锁口锚杆的施工，然后，对尾水支洞及尾水隧洞导洞进行扩挖至设计边线，并进行尾水隧洞、尾水支洞预应力锁口锚杆的施工，然后分层下挖。

（2）第②层导洞两侧预留岩体的开挖采用光面爆破，第③、第④层每区开挖时，先进行边墙预裂，然后采用手风钻造水平孔开挖，底部保护层厚 2.7m，采用水平光爆开挖。边墙预裂采用手风钻造 $\phi42mm$ 竖直孔，孔深 4.2m，然后采用竹片绑扎药卷间隔装药，磁电雷管起爆。岩柱开挖根据分层高度，采用手风钻造 $\phi42mm$ 水平孔开挖，孔深 3.0m，孔内连续装药，磁电雷管起爆。

（3）尾水隧洞、尾水支洞与尾水调压室相交突变部位开挖方法为：从尾水隧洞（尾水支洞）将尾水隧洞（尾水支洞）前期开挖的中导洞按尾水隧洞（尾水支洞）开挖宽度扩挖至调压室底部，然后从上至下对"四岔口"预留岩体爆破拆除。剩余边角部位采取从调压室底部往尾水隧洞造孔，另一边从尾水支洞突变部位造孔，两侧同时爆破挖除。

4 浅表层变形及掉块处理措施

在尾水调压室开挖施工过程中，由于受 F230-1、F230-2 断层影响，岩体呈碎块化严重，因此，尾水调压室开挖支护施工期间多次出现掉块、开裂、喷锚剥落、空腔等严重威胁施工人员安全的不良地质现象。为保证围岩稳定及施工安全，除了增加锚杆、锚筋桩、预应力锚索、预应力锚杆等常见的支护之外，井壁掉块及喷锚剥落部位大面积增加了 GPS2 型主动防护网，以降低安全隐患。

尾水调压室主动防护网采用 GPS2 型主动防护网进行安全防护，其结构组成为：$\phi16mm$ 纵横向支撑钢绳，钢格栅网（直径 2.2mm，网孔 50mm×50mm），钢丝绳网（菱形网，直径 8mm，网孔 300mm×300mm），$\phi10mm$ 缝合钢绳，用钢绳卡连接。

5　结语

针对黄登水电站尾水调压室地质情况差，调压室体型变化多，施工中极易塌方、掉块，破坏形体的特点，施工中进行动态管理，采取了多项保安全、保形体的技术措施，保证了工期和安全，具有较好的借鉴意义。

高水头深覆盖淤泥层大型岩塞
协同爆破关键技术

李 江 叶 明/中国水利水电第六工程局有限公司

【摘 要】 刘家峡水库—岩塞塞口水深70m，外部淤泥层厚30m，深厚淤泥层多年固结，整体冲刷启动难度大，爆破技术复杂，风险高，岩塞每一道施工工序都直接影响岩塞能否成功爆破，在国内外没有相同和相近的工程可以借鉴。本文结合现场实际情况，阐述了岩塞施工过程中技术控制和施工要点，对类似工程具体较高的参考价值。

【关键词】 高水头 深厚淤泥覆盖 岩塞协同爆破 控制防护技术

1 概述

刘家峡水库根据工程的需要须爆破一塞岩。该塞口最大水深70.0m，最大淤泥层厚30.0m，岩塞体下部直径10.0m，最大外部直径21.6m，岩塞最小厚度12.3m，为世界上淤泥层最厚的高水头大型岩塞爆破。岩塞体爆破体量大，深厚淤泥层多年固结，趋于沉积岩化，整体冲刷启动难度大，爆破技术复杂，施工难度大。且进水口水下岩塞爆破位于库区，爆破位置水深，爆破时上覆水压力大且水下岩塞部位岩石情况复杂；工程所处位置邻近建筑物有龙汇山庄、大坝、厂房及水工隧洞等，为避免爆破振动对其造成破坏影响，施工期间必须采取控制爆破技术及安全防护措施，对施工的质量、安全、环境保护及爆破的可靠性都有较高的要求，施工难度大，施工风险高，技术复杂。

岩塞底部紧接内径10m、衬砌厚1.2m、长3m的圆形锁口段，锁口段后排沙洞与集渣坑交岔部位为高边墙段。

岩塞段呈"王"字形，共布置8个药室、2条主导洞、6条连通洞。沿岩塞周边共布置121个预裂孔。预裂孔直径为76mm，孔距为32～51cm，孔深为11.9～17.2m。淤泥钻孔共布置12孔。

2 技术关键点和施工难点

2.1 岩塞段导洞（连通洞）、药室开挖

开挖断面小，邻近库区，质量标准高（迎水面不允许超欠挖）。

2.2 岩塞段预裂孔钻孔

岩塞段预裂孔沿设计轮廓线周边布置，全部为立面倾斜孔，设计要求钻孔偏斜误差不超过1°，钻孔难度大，精度要求高。

2.3 水上淤泥孔钻孔

进口淤泥扰动爆破孔位于库区水面以下，因水流流速快，钻孔难度大，精度不宜控制，其质量好坏直接关系到淤泥扰动爆破效果，从而影响岩塞爆破的效果。

2.4 渗漏水处理

在开挖过程中，渗漏水不但影响施工，且有安全风险，应根据渗漏水量大小确定处理方案。

3 施工

3.1 导洞（连通洞）和药室开挖

3.1.1 施工方法

（1）导洞（连通洞）。采用YT-28手风钻钻孔，全断面掘进，中心掏槽、周边打密孔，非电起爆网络起爆的施工方法。周边孔孔距不大于30cm，循环进尺0.5m。

（2）药室。中间掏槽，周边预留保护层（5cm厚）。

1）中间掏槽开挖方法：采用手风钻钻孔，循环进

尺小于 0.5m。

2）保护层开挖方法：采用电钻钻孔（φ23mm），孔间距 10cm，使用导爆索爆破。

3）欠挖处理方法：使用电镐凿除。

3.1.2 爆破设计

（1）典型断面爆破孔布置见图 1～图 3。

（2）爆破参数表。典型断面开挖爆破参数见表 1 和表 2。

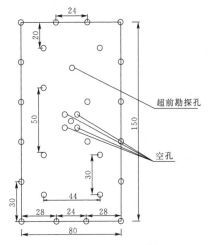

图 1　断面 80cm×150cm 爆破孔布置图

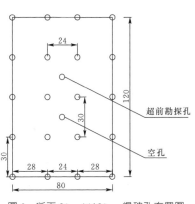

图 2　断面 80cm×120cm 爆破孔布置图

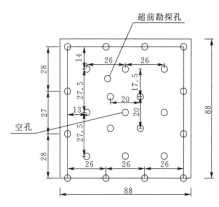

图 3　断面 88cm×88cm 爆破孔布置图

表 1　　　　　　　　　　开挖爆破参数表（断面 80cm×150cm、断面 80cm×120cm）

钻孔名称	孔径/mm	孔深/cm	药卷直径/mm	装药长度/cm	堵塞长度/cm	单孔药量/kg	孔距/cm	排距/cm
中心孔	42	50	32	30	20	0.45	—	—
掏槽孔	42	50	32	30	20	0.3	30、50	14、32
周边孔	42	50	32	15	35	0.15	30（28、24）	—

表 2　　　　　　　　　　　　　　　开挖爆破参数表（断面 88cm×88cm）

钻孔名称	孔径/mm	孔深/cm	药卷直径/mm	装药长度/cm	堵塞长度/cm	单孔药量/kg	孔距/cm	排距/cm
中心孔	42	50	32	30	20	0.45	—	—
掏槽孔	42	50	32	30	20	0.3	28	28
周边孔	42	50	32	15	35	0.15	30（28）	—

（3）装药及封堵。使用 2♯岩石（φ32mm）乳化药卷。周边孔单孔装药量为 150g，崩落孔装药量为 200g，掏槽孔装药量为 300g，中孔装药量 450g。

采用锚固剂堵塞，堵塞长度根据装药量进行调整。

（4）连线起爆。使用非电毫秒雷管（1、3、5、7、9、11 段）（5m 引线）。每次爆破选用 5 个段位毫秒雷管。

3.2　预裂孔钻孔

3.2.1　施工方法

详细计算出每一个孔的钻孔方向、孔深等参数，根据孔向参数制作钻孔样架。利用搭设好的脚手架作为钻孔平台，采用 QCZ100B 潜孔钻搭配样架钻孔，钻孔直径为 76mm，钻孔前、开孔后及钻孔过程中利用全站仪校正钻孔角度，并进行详细的记录，确保钻孔偏斜误差不超过 1°。钻孔完成后，及时进行钻孔的清孔及验收。

3.2.2　施工步骤及要求

（1）施工准备：钻孔平台搭设、样架制作。接好风水电管路，同时布置好排水设施等。钻孔前对作业人员进行技术交底和培训。

（2）施工测量放样：根据设计图纸，在岩塞周边逐个放出预裂孔的孔位，用红油漆标注在岩面上，并在连接段末端混凝土面上对应划出每个孔的孔位投影线，对每一个孔逐一编号，并记录在表中，对应好每个孔的孔向、孔深等参数。测量放样采用两组人员独立进行，一组放样，另一组进行逐孔检查。

（3）样架就位：在岩塞段后部混凝土面上标记出样架放置点，施工人员将钻孔样架放置在指定位置，并根据现场实施情况将样架固定在混凝土面或钻孔平台的脚手架上。

（4）钻机就位：将潜孔钻机摆到正确位置，钻杆放在样架的定位钢管（半管）上，使钻机的钻杆与预裂孔的轴线在同一条直线上，使钻机精确就位，然后固定好潜孔钻。

（5）钻孔：开动风压，进行钻孔作业。开孔阶段要慢速钻进，并及时检查调整孔位、孔向，防止偏位。当钻进至 1.5～2.0m 后，再进行一次孔位、孔向的检查，确定无误后，再采用正常速度钻进，直至设计孔深。

（6）钻孔停止：根据测记钻杆的根数和最后一根钻孔的外露长度初步确定钻孔深度达到设计要求后，停止钻进，核实无误后，退出钻杆。

（7）清孔：钻孔结束后，在退出钻杆的过程中，利用高压风、水反复冲洗钻孔，清除孔内的残渣、岩粉及掉块。

（8）验孔：清孔结束后，由技术人员逐孔进行检查验孔，包括每个钻孔的孔深、孔径、角度、孔向等相关参数，并详细记录在事先准备好的表格内。孔深采用 $\phi50mm$ 的白塑料管插入孔底进行检查，事先在白塑料管上做好孔深标记，配合卷尺丈量，测记每个孔的孔深。

（9）不合格钻孔处理：经检查不符合要求的钻孔，要进行处理或重新钻孔，然后按上述程序重新检查验孔。

（10）二次验孔：装药前，再次对每个孔进行检查，主要检查孔深是否满足要求、孔内是否有残渣、孔壁是否有塌落等情况，采用 $\phi50mm$ 的白塑料管插入孔底进行检查，事先在白塑料管上做好孔深标记，配合卷尺丈量，测记每个孔的孔深。如有塌孔，应采用高压风、水反复冲孔，清理干净，直至满足设计要求。

3.3　淤泥孔钻孔

3.3.1　算式平台安装

算式平台主体由 6 个片体通过法兰对接拼装而成（长 12m、宽 9m），重 18t 左右，主体安装完成后，用门机在坝前将其吊放到水面上，利用拖船拖至施工水域，在其上下游两侧交叉抛锚，抛距 150m 左右，测量工程师利用测量仪器进行孔位放孔，通过绞紧平台上锚绳，调节平台使算式平台上的 12 个孔位中心与 12 个钻孔坐标重合，拉紧锚绳固定平台，钻孔定位综合误差控制到 3cm 以内，并随时进行复测。

为保证平台在钻孔施工过程中的稳定性，防止产生漂移，将 4 个平台锚的锚尖改造成面积为 $1.5m^2$ 的扇形铲，提高平台锚在库底淤积层中的稳定性和锚固力。

3.3.2　定位导向器安装

通过预设在平台上与各钻孔相对应的钻孔导向器座，下入外径为 $\phi248mm$、内径为 $\phi168mm$ 的定位导向管，定位导向管与平台通过法兰连接。定位导向管长度拟定为 6m。

3.3.3　钢套管安装

在定位导向管内垂直下入 $\phi168mm$ 钢套管。其安装方法如下：用钻机卷扬悬吊钢套管，让其管脚离开库底淤积层 0.2～0.5m，调整钢套管使其呈垂直状态后，迅速下放，使其插入库底淤积层中，当钢套管在淤积层下降缓慢时，利用钻机卷扬反复上下起放钢套管，靠冲击力使其下入淤积层相对较稳定处，利用高精度测斜仪在管中部及底部测量钢套管的偏斜和弯曲情况，垂直度满足技术要求后，方可固定钢套管，进行下一道施工工序。不满足技术要求则起出重新下入。管口处安装管夹子，套管间采用丝扣连接，连接处采取适当的防脱扣措施，防套管脱落，造成钻探事故。

3.3.4　基岩钻进

到基岩面后，换 $\phi146mm$ 金刚石钻头钻进至设计孔深。

3.3.5　施工测斜

采用 CX-6B 型陀螺测斜仪进行钢套管和孔底顶角和方位角的测斜。

3.3.6　PE 管安装

当复核钻孔深度、孔向达到设计要求后，从钢套管内插入 $\phi125mm$PE 管，PE 管采用热熔连接。

3.4　装药、封堵

3.4.1　爆破器材防水处理

由于爆破器材需浸泡在 70m 深的水中，且浸泡时间至少 3d 以上。因此，导爆索端头、数码雷管脚线出口处需做防水处理。主要利用环氧树脂、玻璃胶、特殊胶带等材料进行 3 层防护。

3.4.2　起爆体制作

每个药室中间放置起爆体。起爆体炸药采用 ORI-CA3151 高能乳化炸药，炸药与数码雷管、导爆索绑在一起，装入耐压、不易变形的箱体内。箱体外部利用塑料袋包裹、胶带绑实，避免起爆体进水。

制作完成的起爆体箱上用红油漆标记与药堆放在一起，经爆破监理验收后方能运至药室内使用。

3.4.3　药室装药

（1）每个药室的药量分别堆放，专人记录在案，并挂牌标记，会同爆破监理、设计、业主联合验收。装入药室的数量也要专人记录。

（2）药室装药分成上下两个独立的体系进行，遵循先下后上、先里后外的原则。

药室装药顺序：1# 主导洞内：3#→5#→4# 下→6#→7#；

2# 主导洞内：4# 上→1#→2#。

（3）药室装药分布是整箱和散装药组合码放整齐，缝隙全部用小直径药卷填实，避免遗留大的空隙影响爆破效果。

（4）装卸、运输、码放炸药应轻拿轻放，严禁在地面上拖拽炸药袋。

（5）装药填塞时，导洞（连通洞）、药室内只准用绝缘手电照明，并应由专人管理。更换手电筒的电珠、电池应在洞外固定的安全地方进行，废电池要如数回收。

3.4.4 预裂孔装药

预裂孔装药与药室装药同时进行。施工时，在排沙洞闸门后部排沙洞内选择适当的位置作为预裂孔药卷加工制作场地，将药卷按照设计要求绑在制作好的竹片上，并绑好导爆索。然后由人工运到作业面，逐孔进行预裂孔的装药，装药完成后，及时进行固定和装药堵塞。

3.4.5 淤泥孔装药

（1）装药前，采用与药卷相似的沙袋进行试孔，探其孔内是否有杂物，并测量其孔深。当确定孔内无杂物后，方可进行装药。

（2）按照各淤泥孔的装药组合依次装药。将每个加工好的分段药放在待装药孔的附近平台上，并进行标识，注明药卷的对应孔号并在装药半管上标注清楚。检查药卷数量、规格、导爆管的安装位置等是否满足要求。

（3）采用吊绳方法缓慢将药卷逐段放入孔底。并注意不得与数码雷管、导爆索缠绕或交叉，以防吊绳用力时损坏导爆管、导爆索。

（4）用胶布将外露的导爆索、数码雷管脚线用胶布固定在外露的 PE 管管口上，并注意端头的防水。

3.4.6 封堵

（1）洞室封堵。各药室口处均用掺砂黄泥块封堵，紧邻掺砂黄泥封堵处采用砂浆砖砌体错缝砌筑封口。

连通洞及主导洞均采用水泥灌浆封堵。主导洞开口均向下，无法直接进行灌浆，因此在 1# 、2# 主导洞的中、下部各设置两道钢锁口门，以封闭 1# 、2# 主导洞的出口。利用钢锁口门封闭主导洞出口后，在 1# 主导洞下部，即两道钢锁口门之间形成封闭的灌浆区 A，在 2# 主导洞下部，即两道钢锁口门之间形成封闭的灌浆区 B。

在药室的封堵（掺砂黄泥和砖砌体）及主导洞的钢锁口门均施工完成后，即可对各个封闭的灌浆区进行回填灌浆施工。回填灌浆应按设置的灌浆区分别进行施灌，每个灌浆区分别设有灌浆管、排气管各一根，采用灌浆泵进行灌注。

（2）预裂孔封堵。预裂孔封堵长度 1.0m，采用锚固剂封孔。用竹炮棍捣实，捣实封孔锚固剂时，注意不得损伤数码雷管导线。

（3）淤泥孔封堵。淤泥孔封堵长度 2m，采用小石散状封堵。

3.5 渗漏水处理

预裂孔、洞室渗漏主要采用高压灌浆的方法，同时结合使用木楔子先将孔底封堵，然后再灌浆。水泥液内掺入 3% 水玻璃，缩短初凝时间。

4 结语

岩塞体周边预裂加小型集中药室和洞外深厚淤泥层水下深厚扰动的协同爆破方案，利用延时起爆技术爆破预扰动淤泥层后，岩塞体预裂及药室起爆形成通道启动淤泥冲刷，在实施岩塞爆破的同时实现了深厚淤泥层的冲砂下泄，成功实施了岩塞体去除，有效验证了在厚淤沙及深水复杂条件下岩塞爆破施工技术的合理性及可行性。该技术的成功应用，将大大促进相关领域作业技术的发展，将为类似工程积累宝贵的经验，可供类似工程借鉴。其经验总结如下：

（1）岩塞段开挖质量要求特别高，必须确保钻孔精度，并严格进行控制爆破。

（2）岩塞段邻近库区，导洞、药室与库区水域最近距离不足 3m，且处于 70m 的水下，安全问题十分突出，开挖前必须做好地质勘查及岩石的预固结灌浆，开挖过程中每个循环必须进行超前探测，发现问题及时处理。

（3）预裂孔精度直接影响岩塞口成型情况，钻孔精度控制尤为重要，施工前做好控制钻机钻杆方向的工具，并做试验后再投入使用。

（4）预裂孔施工前制定渗水、贯穿孔处理方案，且材料准备到位，出现情况及时进行处理。

（5）淤泥孔精度要求高，施工前应考虑在水流流速、船只过往冲击波等外界因素影响条件下定位套管的牢固性和钻孔平台的稳定性。

（6）各处都有渗水情况，且装药后不能立刻起爆，因此，做好爆破器材防水处理也是确保爆破成功的关键工序。

（7）每个药室装药、联网完成后，药室口处使用黄泥封堵可起到闭气作用，施工时必须使用橡胶锤振捣密实。

卡塔尔供水项目穿油气管线区域顶管施工工艺

陈永刚　周连国　赵　月/中国水利水电第十三工程局有限公司

【摘　要】 本文通过对卡塔尔 GTC606 供水管线项目采用顶管施工工艺的实践阐述，总结了特殊地质条件下供水管线穿越油气管道等地下设施区域的施工经验，可为类似工程提供借鉴。

【关键词】 供水管线　穿越油气管线　顶管施工

GTC606 供水管线项目是中国水电十三局首个承包中东地区与油气管线交叉施工的项目。项目管线全长约 76km，主要采用的是直径 1600mm 的球墨铸铁管。在卡塔尔，如需穿越国家石油公司（简称 QP）油气管线顶管施工，须提前对施工人员进行工作培训，并通过 QP 的考试，取得合格证，施工方案获审查批准后，方可取得施工许可，并且应按要求每周更新施工许可项目。在项目实施相关工作的过程中，QP 相关部门人员会实时监督并管控施工的关键点。QP 工作许可培训考试通过率低，考试要求参考人员具有一定的工程基础理论知识、熟练的英语听说理解水平和计算机应用能力。项目自 2015 年初至今共选拔参加培训考试人员 30 人次，累计通过合格培训的仅 7 人。

经过将近半年的沟通协调，项目人员克服各种困难，在完成油气管线探坑开挖等一系列准备工作后，才收到 QP 关于允许项目采用顶管施工穿其管线区域的正式信函。

项目顶管施工采用的主要设备为 Micro - Tunnel Boring Machine（MTBM）- AVN2400 隧道掘进机。该设备是一种可通过电脑控制室远程操控的定向动力掘进设备，其工作全程可保持掘进面的泥浆或土压力平衡。

1　顶管施工的理论基础

依据工程地质勘测报告，项目所在地区为石灰岩，岩石强度为 20～30MPa。顶管所需要的推力须在设计阶段预估后通过设计计算确定。预估可参照同类工程、类似的地质条件，所使用设备的参数为计算校核的初选设备。只有这样才能科学、合理、经济地选择设备，确定工艺。顶管能否成功在很大程度上与顶管机推力预测的准确度有关，推力的预测及其与推力器推力的选择应在

顶管开始之前设备还未购买或租用前完成。

因本工程的顶管长度较短，主要有以下几个力影响顶力：①掘进机切割头的前推力；②套管与钻孔之间的摩擦力；③因管材屈曲所产生的摩擦力。

1.1　RC 套管与钻孔的摩擦力

对于 RC 套管与钻孔的摩擦力，在靠近顶管推力器顶进的一端，可把 RC 套管视为悬臂梁。假设 RC 套管管身的轴线与钻孔的中线重合，RC 套管在荷载下弯曲时，有一个最大长度使管身弯曲后管壁不与钻孔接触，如图 1 所示。

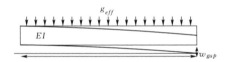

图 1　套管在顶进过程受力示意图

此长度 L_t 取决于 RC 套管的刚度，可按下式计算：

$$L_t = \begin{cases} \sqrt[4]{\dfrac{8EIw_{gap}}{|g_{eff}|}}, & g_{eff} \neq 0 \\ 0, & g_{eff} = 0 \end{cases}$$

$$g_{eff} = g - g_{opw}$$

$$g_{opw} = \pi r_e^2 \gamma_{fl}$$

式中　r_e ——套管外径，m；

　　　g_{eff} ——套管所受竖向合力，kN/m；

　　　g_{opw} ——套管上浮力，kN/m；

　　　g ——受竖向荷载的套管重量，kN/m；

　　　γ_{fl} ——膨润土的单位重量，kN/m³；

　　　EI ——套管的抗弯刚度，N·mm²；

　　　w_{gap} ——钻孔半径与套管半径的差值，mm。

套管与钻孔的摩擦力 ΔF_w 通常是按将岩石作用在套管的力（与掘进方向垂直）乘以摩擦系数计算，下式在

水平方向顶管施工的应用计算中已较成熟。

$$\Delta F_w = f_3 \int_0^{L_b} |q(s)| ds$$

式中　q——岩石垂直作用在套管上的力，kN；

　　　s——套管掘进方向的长度，m；

　　　f_3——摩擦系数；

　　　L_b——套管掘进方向的总长度，m。

1.2　因套管屈曲所产生的摩擦力

对于因套管屈曲所产生的摩擦力；顶力在克服摩擦力时会增长到更高的一个值，所以顶进的管身就会出现屈曲。屈曲模型如图2所示。

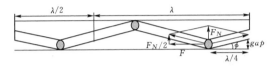

图 2　屈曲模型

假设掘进方向有 N 个屈曲套管，则屈曲长度 λ 可按下式计算。

$$\lambda = \frac{2}{N} L$$

式中　L——套管在钻孔中的总长度，m。

管身的屈曲取决于其自身的刚度，相应的其自身刚度又取决于管材的材料与其外径与壁厚值的组合。因套管屈曲产生的摩擦力 F_{buckle} 可按下式计算。

$$F_{buckle} = f_3 \frac{4}{3} \frac{LF^2}{3\pi^2 EI} w_{gap}$$

式中　F——套管未出现屈曲的推力，kN；

其他符号含义同前。

2　顶管施工的材料与 QP 规范

2.1　材料

2.1.1　管材

（1）根据美国材料与试验协会 ASTM A1011 Grade 36 规范规定，有光滑内壁的 RC 套管其最小屈服强度应为 248.22MPa。

（2）RC 套管最小壁厚应为 3/8 英尺，换算约为 114.3mm。本工程实际壁厚为 244mm，符合要求。

2.1.2　灌浆（水泥浆、水泥砂浆）

（1）根据 ASTM 标准，砂浆中砂和水泥的比例为 3∶1。

（2）水泥应符合 ASTM C150，Type Ⅱ 要求。

（3）砂应符合 ASTM C404，size No.1 要求。

（4）砂浆应保证在 24h 内达到最小抗压强度 0.6895MPa。

（5）最终经过实验室配合比设计，水泥浆配合比：水∶灰∶膨润土＝2∶1∶0.07，泡沫混凝土配合比：水∶灰∶水洗沙∶添加剂＝0.4∶1∶3∶0.01。

2.2　QP 规范

顶管的施工原则是避免与地下设施发生冲突，中断或危及地面设施的活动和正常运行，当地下设施较为密集时，在保证安全的前提下，为后续地下设施提供敷设空间。由于该项目实施地点需要穿越 QP 的油气管线，须严格遵守 QP 的施工规范规定：

（1）项目管线设计顶部高程要与石油管线底部高程保持最小 3.5m 垂直距离，与天然气管线保持最小 2m 垂直距离。

（2）顶管坑和出管坑靠近油气管线的边线要与油气管线中线保持最小 10m 的水平距离。

（3）项目管线凡经过油气管线走廊处都要保持至少 3.5m 的埋深。

（4）任何机械设备不允许靠近距离油气管线中线 5m 以内施工。

3　施工过程

3.1　MTBM 掘进机工作的关键控制点

3.1.1　设备的选择

选用 MTBM 掘进机时，其外径尺寸不应大于 RC 套管外径 2.54cm。

3.1.2　操作坑的开挖及掘进机的安装

（1）操作坑的开挖。操作坑分为顶管坑和接收坑。顶管坑开挖过程要按照设计尺寸并在顶管坑后背方向预留 10m 左右原始岩石，用来为顶管掘进时提供反作用力。

（2）顶管坑垫层的浇筑。顶管坑开挖完成后要浇筑 15cm 的混凝土垫层，既作为后续安装导向架的找平层，同时方便预埋钢筋固定导向架。

（3）导向架的安装。按照图纸坐标高程，用吊车配合人工精确安装导向架，误差控制在 2cm 以内，导向架安装后应浇筑混凝土进行固定。

（4）前、后墙浇筑。前墙主要是增强顶进时洞口的岩石稳定，防止坍塌和引导 MTBM 的初始掘进，固定套管密封装置防止泥浆外泄；后墙主要是固定液压掘进装置，为掘进提供反作用力。前、后墙浇筑过程中为防止前墙中的空圆模因浇混凝土起浮或变形，应提前做好加固，并分两次浇筑。

（5）掘进机连接。将 MTBM 掘进机与控制室、导向系统、泥浆循环和分离系统进行连接，调试。

3.1.3　套管高程和准线控制

此参数主要通过激光导向系统控制。此系统是专门研发配合 MTBM 使用的电脑控制导向系统，激光被预先设置在设计的高程与准线上，目标锁定装置密封安装在掘进机的切割头内，在掘进过程中全程定位切割头的精确位置。同时切割头底部的测距轮将持续记录 RC 套管顶进的长度。

（1）操作人员通过电脑控制室控制 RC 套管在掘进过程中轴向偏转不超过 3°。

（2）保证 RC 套管的轴线与施工图注示的轴线竖直与水平方向偏差在 1 英寸（2.54cm）以内。

（3）限制掘进开挖面与 RC 管外壁的环形间隔，保证其最大值控制在 0.5 英寸（1.27cm）以内。

3.1.4 套管的顶进过程

套管顶进需要前面掘进机的铣刀破碎和后面液压油缸的推进相配合，后面油缸使掘进机刀头始终紧贴原始石壁，用以充分发挥掘进机的掘进效率。掘进机每前进 3m（每根套管长度 3m），需要暂停掘进，收起油缸，放入并连接另一根套管，重新推进。以此类推，直到掘进机被完全推出管坑。

3.1.5 泥浆循环控制

（1）通过布置在切割头后的拌和室将掘进过程产生的石料与泥浆混合。

（2）低压的泥浆可以限制管身沉降，同时将掘进过程产生的混合料传输至位于地上的筛分循环系统。

（3）在筛分循环系统中石料将被分离和移除，经过沉淀的泥浆水再流入 MTBM 进行循环利用。

3.1.6 日常工作记录

（1）每个工作日顶管掘进工作时间为上午 6 点至下午 6 点。

（2）RC 套管日掘进的总长度为 6m，平均掘进速度 10mm/min。

（3）RC 套管的轴线与施工图的水平与竖向偏差控制在 1 英寸（2.54cm）以内，并且偏差持续时间不应超过 5min，此时间也是偏差出现的最小间隔时间。

（4）施加在 RC 套管的最大顶力与系统关闭重启时所需的顶力。

3.2 外套管灌浆

外套管灌浆主要采用如图 3 所示的分段灌浆技术。

首先用灰泥封堵外套管与掘进面之间的环形空隙两端的位置，并在两端安装注入管与水泥浆流出管。凿通注浆孔洞，里面装入管配件及控制阀。水泥浆将从注入管流至管壁预留的孔洞 B 处所在的截面，使多余的空气和水散尽，此后将一直泵送水泥浆直至泥浆从 B 处流出。接下来灌浆将从 B 处开始，C 处的阀门打开使多余的空气和水散尽，此时封堵端头的注浆孔，B 处成为注浆的起始点。重复同样的工序直到泥浆从流出管处流出，代表通长的环形空隙已灌满水泥浆。

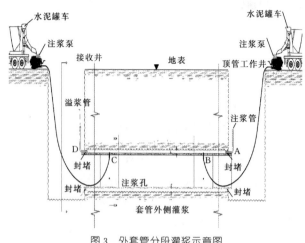

图 3　外套管分段灌浆示意图

3.3 DI 管安装

DI 管安装采用半自动推进设备配合一台 70t 吊车，吊车将缠有双层缠管带的 DI 管放到顶管口与推进器之间，然后人工在 DI 管上每隔 3m 安装一个带导向轮的钢圈，用来控制 DI 管高程，减小推进过程中的摩擦力，每推进完成一根，人工进行接管及热缩卷材处理管接头，推进过程中在钢圈边侧预固定一根 110mm HDPE 管，用来后期穿 FOC 信号光缆。

3.4 DI 管与 RC 套管之间的灌浆

此灌浆主要采用该项目自创的分层灌浆法，防止 DI 管在灌浆过程中上下浮动破坏隔墙造成漏浆。此方法省去了 DI 管两端混凝土支固工序，节约了施工工期和成本，取得了良好的施工效果。

首先在 RC 套管的两端建立砖砌或混凝土隔墙，DI 管两端伸出隔墙；在隔墙靠近管顶的位置预留孔洞并安装注入管与泥浆流出管及出气管。灌浆材料采用泡沫混凝土，灌浆过程主要采用自流式注入，每层灌浆高度为 70cm，待灌浆材料初凝之后再进行下一层的灌浆，直至混凝土与砂浆混合物从流出管冒出，代表 DI 管与 RC 管之间的环形空隙已灌满。

3.5 阴极保护装置

按照规范，DI 管采用冷敷 PE 缠管带一层和外包塑料布一层，接头处采用密封腻子和热缩套保护，应 QP 要求，为保证 QP 管线运行不受本项目供水管线今后可能发生腐蚀的影响，特在管道安装完成后增加了阴极保护检测装置。

4　结语

工程经验证明，在强度为 20～30MPa 的岩层中，对于穿越重要地下设施且有施工工期要求的地段，顶管施工比全断面开挖更具有可行性。在国外项目的特殊施工要求与环境下，单价较高的顶管施工在有一定工期要求的前提下比全断面开挖更加节约成本。该工艺对穿越不易拆除的地面建筑，不易受外界影响的要点施工，不

影响通行的铁路、公路项目更有优势。上述顶管方法也应用在了本工程穿越现存高速公路的施工中，并取得了圆满成功。该工艺为类似工程提供了较为可靠的借鉴经验。

寒冷地区预热混凝土施工技术研究

王春秀/中国水利水电第十一工程局有限公司

【摘　要】　随着水电事业的发展，高原高寒地区混凝土工程越来越多，冬季混凝土施工成为一项重要的施工任务。在寒冷地区冬季混凝土施工中，预热混凝土的生产和温度的有效控制，对整个工程质量有着至关重要的作用。本文通过羊曲水电站预热混凝土生产过程中骨料及水温的控制和数据分析，为以后的冬季混凝土施工积累了宝贵的经验。

【关键词】　高寒地区　预热混凝土　数据分析　冬期施工

1　工程概况

羊曲水电站位于青海省海南藏族自治州兴海县与贵南县交界处，属高原寒冷地区，海拔 2680m，多年平均气温 2.3℃，冬季平均气温 −14℃，极端最低气温 −29.2℃，为一等大（1）型工程。水电站设计混凝土量约 132 万 m³，混凝土骨料采用野狐峡天然砂砾石料场右岸区域的开采料和尾水河道疏挖料进行加工，混凝土高峰时段月平均浇筑强度 7.0 万 m³，高峰月混凝土浇筑强度 8.0 万 m³，其中预热混凝土高峰月强度 3.8 万 m³，出机口温度 15℃。预热混凝土总量为 20.8 万 m³。

2　寒冷地区混凝土施工存在的问题分析

高原及严寒地区建设大型水工建筑物的过程中，由于大坝混凝土在自然条件下浇筑的可利用时间较短，制约了正常施工时间。为满足混凝土在冬季低温条件下的正常施工，必须采取工艺措施对混凝土骨料进行加热。

寒冷地区混凝土冬季施工易造成混凝土工程质量事故，其出现的质量问题多在春融期或后期显现，质量问题的处理难度大。当温度低于 5℃ 时，与常温相比，混凝土强度增长缓慢，在 5℃ 条件下养护 28d，其强度增长仅能达到标准养护 28d 的 60% 左右；当温度下降到混凝土中液相冰点以下时，混凝土中的水结冰，其体积膨胀约 9%，此时混凝土内部结构可能遭到破坏，其宏观表现为混凝土强度损失，其他物理、力学性能也遭到损害。因此，冬季施工的混凝土，必须采取特殊的措施使混凝土强度较快增长，使其受冻前达到抵抗冻害的临界强度。同时，寒冷地区冬季施工混凝土时，在采取提高搅拌用水温度、骨料仓暖气加热等方式保证混凝土出机温度的同时，在运输罐车装运混凝土前对罐体预热，防止新拌混凝土的热量损失。因此，对混凝土原材料拌和前的预热及成品料入仓前的保温是解决这一问题的两个关键环节。

本项目通过热水拌和、骨料堆预热、骨料仓一次风暖、拌和楼及外加剂车间供暖预热，以及对胶带机栈桥保温、外加剂管道保温、骨料仓及拌和楼保温措施的实施，并经多次试验数据分析，确定水、粗骨料、细骨料温度参数，较好地实现了预热混凝土出机口温度的控制，避免了资源的浪费。

3　预热混凝土施工几个关键措施

3.1　供暖

系统供暖采用蒸汽，供热量 12t/h。供暖对象为建筑采暖、骨料加热、热水拌和。即：①在搅拌站料仓（骨料仓）采用热风加热粗骨料；②热水拌和混凝土；③在成品料堆下料口、筛分调节料堆下料口布设蒸汽排管，胶带机两侧布设蒸汽管，保证成品料温度不受气温的影响而下降。

3.2 保温

成品料输送胶带机均采用 10cm 的保温彩板四面包裹完全，搅拌站骨料仓及拌和楼采用 15cm 的保温彩板四面包裹完全。

3.3 影响混凝土出机口温度的因素分析及控制

3.3.1 影响混凝土出机口温度的因素分析

混凝土出机口温度取决于各种组成材料拌和前的温度，冬季混凝土出机口温度应满足规范要求的最低浇筑温度与混凝土运输、装卸、浇筑、振捣过程中的热量损失之和。由于各原材料暴露在空气中，气温直接影响着混凝土温度。要拌制满足施工要求的混凝土，需从混凝土组成的各原材料温度入手。因此，控制混凝土温度其实就是控制各原材料温度。严寒地区预热混凝土生产技术主要是控制骨料和拌和用水的温度。

3.3.2 提高混凝土出机口温度的措施

（1）拌和用水泥采用散装水泥，并合理调配水泥入罐的储存时间，利用水泥出厂温度较高（一般约 55℃）的特点，对水泥罐进行适当的保温即可控制水泥温度达到 15℃ 以上的要求。

（2）调节混凝土拌和用水温度。提高混凝土温度的方法，一般以加热水拌和最简单、最经济。羊曲水电站混凝土拌和系统采用锅炉热蒸汽提升水温。现场通过改变通入水箱中蒸汽的时间长短来调节控制拌和楼水箱中水的温度，同时在拌和水箱蒸汽管道上加设一个温度控制阀，用来保证拌和用水水温在 60℃ 以内。

（3）混凝土骨料温度监测与调整。针对本地区昼夜温差大的特点，进行混凝土骨料温度变化曲线的监控，提出对骨料进行加热的合理控制标准。按照混凝土拌和温度计算公式：

$$T_o = [0.92(M_{ce}T_{ce} + M_{sa}T_{sa} + M_gT_g) + 4.2T_w(M_w - W_{sa}M_{sa} - W_gM_g) + C_1(W_{sa}M_{sa}T_{sa} + W_gM_gT_g) - C_2(W_{sa}M_{sa} + W_gM_g)] / [4.2M_w + 0.9(M_{ce} + M_{sa} + M_g)]$$

式中　T_o——混凝土拌和温度，℃；

M_w——用水量，kg；

M_{ce}——水泥用量，kg；

M_{sa}——砂子用量，kg；

M_g——石子用量，kg；

T_w——水的温度，℃；

T_{ce}——水泥的温度，℃；

T_{sa}——砂子的温度，℃；

T_g——石子的温度，℃；

W_{sa}——砂子的含水率，%；

W_g——石子的含水率，%；

C_1——水的比热容，kJ/(kg·℃)；

C_2——冰的熔化热，kJ/kg。

按照达到混凝土出机口温度的要求，初步预估骨料预热对出机口温度的影响。以室外温度 -6℃ 的情况为例，得出了场区骨料堆的第一手温度监测数据：砂子温度 -4℃，小石温度 -6℃，中石温度 -6℃，大石温度 -6℃。在控制水泥温度不小于 15℃ 的情况下，以此展开混凝土试配工作，将拌和水温以每 5℃ 为一个梯差试拌凝土后，测定对应水温分别为 40℃、45℃、50℃、55℃、60℃ 的混凝土出机口温度。经过反复试验，得出不同水温下混凝土出机口温度（见表1）。

表1　不同水温下混凝土出机口温度

拌和用水温度/℃	40	45	50	55	60
预热混凝土出机口平均温度/℃	0	0.6	1.3	2	2.6

表1数据表明：混凝土拌和骨料在负温下采取加热水拌和，不能保证预热混凝土的出机口温度不低于 15℃。为保证混凝土出机口温度不低于 15℃，还需采取预加热骨料的措施。

（4）调节混凝土拌和用砂温度。在骨料仓利用暖风机进行加热，砂料堆下料口处安设散热排管来保证砂堆下料口处免于冻结，在砂堆廊道及成品砂的输送胶带机下方安设散热排管，尽可能地减少拌和用砂在输送过程中因热量散失而温度降低。

由于水温超过 60℃ 时，会引起混凝土产生假凝，为避免该现象的出现，一般采取改变拌和投料顺序的方式进行拌和，即将骨料与水先拌和，然后加水泥拌和。但拌和用料顺序改变大大降低了拌和站的生产效率。因此，在预热混凝土生产时，控制拌和用热水的温度小于 60℃。为此，进行了水温 55℃，大石、中石、小石温度均为 5℃ 的配制试验。

羊曲水电站为天然水洗砂，砂的温度提升范围有限，采取上述加热方式进行加热处理后，其温度多在 2~8℃ 范围内波动。在拌和用水温度控制在 55℃，大石、中石、小石温度不变均为 5℃ 的情况下，以每 1℃ 为一个梯度进行分段研究，测量混凝土的出机口温度。通过反复试验，得出不同砂温下混凝土出机口温度（表2）。

表2　不同砂温下混凝土出机口温度

拌和用砂温度/℃	2	3	4	5	6	7	8
预热混凝土出机口温度/℃	14.1	14.4	14.6	14.9	15.1	15.4	15.7

由表2可知，拌和用水温度 55℃、大石、中石、小石温度均为 5℃ 时，拌和用砂温度需保证在 6℃ 以上可

实现预热混凝土出机口温度不低于 15℃ 的目标。

（5）调节混凝土拌和骨料温度。粗骨料仓利用暖风机进行加热，料堆下料口处安设散热排管，骨料堆廊道及成品骨料的输送胶带机下方安设散热排管，防止混凝土粗骨料在输送过程中因热量散失而温度降低，并将粗骨料温度提升至适宜的温度，从而达到混凝土出机口温度要求。

在保证砂、拌和用水及外界温度相同的情况下，改变骨料的温度。拌和用水的温度控制在 55℃，砂温度 6℃，通过调整暖风机的开机时间控制小石、中石、大石同步分别保持在 0℃、1℃、2℃、3℃、4℃、5℃、6℃、7℃，测量混凝土的出机口温度。通过反复试验，得出不同骨料温度下混凝土出机口温度（表 3）。

表 3　　　不同骨料温度下混凝土出机口温度

骨料温度/℃	0	1	2	3	4	5	6	7
预热混凝土出机口温度/℃	12.9	13.4	13.8	14.3	14.7	15.1	15.6	16.0

由表 3 可知，拌和用水温度 55℃、砂温度 6℃ 时，拌和用粗骨料温度保证在 5℃ 以上即可保证预热混凝土的出机口温度不低于 15℃。

（6）综合分析，最终确定水温。通过上述的试验发现：在环境气温 −6℃ 情况下，为满足预热混凝土出机口温度不低于 15℃，需保证拌和用水温度达到 55℃，砂子温度应达到 6℃，大石、中石、小石温度达到 5℃ 即可。通过骨料预热和风热骨料后，现场砂子的温度可达到 8℃，大石、中石、小石温度达到 5℃，砂子温度超过试验结论温度 2℃，本着节约成本、提高综合效益原则，进行了水温的试验。在保证砂子温度 8℃，大石、中石、小石温度 5℃ 不变的情况下，通过调整蒸汽管道通入拌和水箱的时间使得拌和水箱的水温分别保持在 55℃、54℃、53℃、52℃、51℃、50℃ 时，测量混凝土的出机口温度（表 4）。

表 4　　　不同水温下混凝土出机口温度

拌和水温度/℃	55	54	53	52	51	50
预热混凝土出机口温度/℃	15.7	15.5	15.4	15.3	15.1	15.0

由表 4 可知，当砂子温度达到 8℃，大石、中石、小石温度达到 5℃，拌和用水温度控制在 50℃ 以上即可保证预热混凝土的出机口温度不低于 15℃。

以上试验结果结合羊曲水电站混凝土拌和系统的实际情况，最终确定预热混凝土出机口温度在 15℃ 及以上时，各项原料的最佳温度为：水温 52℃，砂子温度 8℃，大石、中石、小石温度 6℃。

4　取得效果

本项目通过试验得到预热混凝土生产过程中各掺和料的温度指标，避免了资源的浪费，提高了预热混凝土出厂合格率，节约费用约 19 万元（表 5）。

表 5　　　预热混凝土生产过程效益表

节省项目名称	节省费用/万元	备注
减少煤的使用量	3.5	减少煤量 50t
减少不合格的预热混凝土	15.6	2000m³
合　计	19.1	

5　结语

通过本次研究，得出了预热混凝土生产过程中各掺和料的温度指标，大大提高了预热混凝土的出厂合格率，减少了资源的浪费，节约了工业煤的用量，并总结出一套完整的预热混凝土生产技术，受到业主、监理的一致好评。

纳米材料喷射混凝土在溧阳抽水蓄能电站中的应用

何金星/中国水利水电第六工程局有限公司

【摘　要】　溧阳抽水蓄能电站尾水洞围岩以Ⅳ类、Ⅴ类为主，地质条件差，受地下水丰富的影响，常规喷混凝土易塌落，很难及时封闭围岩。为此，研究采用纳米钢纤维及纳米仿钢纤维喷射混凝土，起到了良好的作用，保证了隧洞的安全稳定。

【关键词】　纳米钢纤维　纳米仿钢纤维　喷射　混凝土

1　概述

江苏溧阳抽水蓄能电站地处江苏省溧阳市，枢纽建筑物主要由上水库、输水系统、发电厂房、下水库等四部分组成，电站安装 6 台单机容量 250MW 的可逆式水泵水轮发电机组，总装机容量 1500MW。尾水系统工程主要包括尾水主洞、尾水调压室、通风洞、厂区自流排水洞及相应的临时设施等项目。其中尾水主洞共两条，开挖断面均为圆形，开挖洞径为 12.6m（12.3m），1♯尾水主洞长 1124.96m，设计纵坡为 4.85%，2♯尾水主洞长 1211.20m，设计纵坡为 4.74%。

2　地质条件

两条尾水主洞除靠近尾水出口凝灰岩分布地段稍好以外，其余绝大部分洞段围岩质量及稳定性整体上较差，Ⅲ2 类占 5%，Ⅳ 类占 65%，Ⅴ 类占 30%。1♯尾水主洞 0+270～0+170 约 100m 长洞段连续穿越 F136 上盘破碎泥化带、F136 断层带、安山岩脉、F137 断层；2♯尾水主洞 0+402～0+206 约 200m 长的洞段连续通过 F136 上盘破碎泥化带、F136 断层、安山岩脉、F137 上盘层间挤压破碎带、F137 断层及下盘安山岩脉等不良地质体。区域地下水位埋深 30～50m，水位位于隧洞以上，由于岩层较平缓，且层间破碎泥化夹层普遍发育，岩体透水性较弱，地下水以渗水—滴水状出露。工程地质对施工主要有以下影响：

（1）围岩（尤其是顶拱）总体上稳定性差，洞顶、侧墙易产生塑性变形破坏，自稳性差，易失稳或塌方，

带来突出安全问题。

（2）围岩遇水泥化，强度大大降低，影响安全稳定，需要快速、合理排水，及时支护。

（3）钻设爆破孔、锚杆孔成孔困难，易塌孔，直接影响施工效率。

（4）在洞室爆破完经过轻撬后，喷混凝土粘到岩面后在自重的作用下，岩块同混凝土一同掉落，需重复进行喷混凝土施工，尤其存在渗水部位常规混凝土很难黏结，在渗水的作用下易产生超挖现象。

3　主要开挖与支护方法

开挖前采用 TRT6000 型超前预报系统进行超前地质预报，每次距离为 50～80m，O-RV3D 软件进行分析处理，根据地质预报的结果，及时修正开挖和支护方案。

尾水洞分上、下两层开挖，Ⅲ 类围岩上层 6.9m，下层 5.1m。Ⅳ 类围岩上层 6.9m（钢拱架拱脚在腰线下 75cm），下层 5.1m；Ⅴ 类围岩上层 7.3m（钢拱架拱脚在腰线下 100cm），下层 5.0m。采用手风钻水平钻孔，周边孔光面爆破。

Ⅳ 类、Ⅴ 类围岩超前支护形式采用超前小导管，每开挖一循环支立两榀 I20b 钢拱架，开挖后及时采用喷射混凝土封闭围岩。

4　初期喷射混凝土的作用

（1）喷射混凝土对围岩节理、裂隙起充填作用，将不连续的岩层层面胶结起来，并产生楔子效应而增加岩

块的摩擦系数，防止岩块沿着软弱面滑移，促使表面岩块稳定。

（2）喷射混凝土有一定的黏结力和抗剪强度，能与岩层黏结并与围岩形成统一的承载体，改善喷层的受力条件。

（3）喷层能使隧道周边围岩尽早封闭，防止围岩风化。

喷射混凝土属柔性喷层，能使围岩在不出现有害变形的前提下发生一定程度的变形，从而使围岩"卸载"，并且喷层中的弯曲应力减小，有利于混凝土承载力的发挥。与此同时，喷层能够紧跟掘进进程并及时进行支护，早期强度较高，能及时向围岩提供抗力，阻止围岩松动。

喷射混凝土可以改善围岩受力状态，约束围岩的变形，尤其是厚层喷射混凝土可以作为连续构件支护围岩，给予围岩变形的支持力使围岩保持近于三维受力状态，从而控制围岩的应力释放。

5 喷混凝土的选择

尾水主洞洞室开挖后，顶拱部位围岩稳定性较差，尤其在渗漏水作用下，围岩呈泥状，极易造成塌方现象，而喷射常规混凝土又很难封闭围岩，为此，在普通喷射混凝土中掺加无机纳米及仿钢纤维、钢纤维等新型材料，强制性快速喷射混凝土封闭围岩，确保洞室的安全稳定。

纳米钢纤维及纳米仿钢纤维喷射混凝土不但能显著

提高混凝土的抗压强度、抗渗性能、抗折性能、抗冲击性能、抗磨损性能及韧性等力学指标，而且与普通喷射混凝土相比，有如下特点：

（1）渗水、掉块部位能够快速封闭围岩，达到止水效果。

（2）一次喷层厚度可达40cm，解决了多次复喷现象。

（3）回弹较小，顶拱的回弹率小于8%，边墙的回弹率小于5%。

（4）起强快，初凝为4min，终凝为10min，终凝后的抗压强度大幅度提高。

6 纳米喷混凝土配合比设计

施工配合比是在原有普通C25喷混凝土配合比的基础上采用外掺法掺加10%的纳米材料来代替减水剂以及5kg/m³的仿钢纤维材料或10%的钢纤维材料。在现场进行生产性试验，根据喷射效果及试样强度分析配合比的合理性。

6.1 原材料检测

（1）水泥。水泥采用P.O42.5R水泥，检测结果见表1。

（2）骨料。骨料主要包括细骨料和粗骨料，均采用现场骨料加工系统加工的人工骨料，检测结果见表2和表3。

表1 水泥检测结果表

检测项目	比表面积/(m²/kg)	标准稠度/%	凝结时间/min		安定性	抗压强度/MPa		抗折强度/MPa	
			初凝	终凝		3d	28d	3d	28d
技术要求	≥300	—	≥45	≤100	合格	≥17.0	≥42.5	≥3.5	≥6.5
试验结果	360	25.8	144	195	合格	23.3	44.6	5.9	8.9

表2 细骨料检测结果表

检测项目	细度模数	石粉含量/%	吸水率/%	表观密度/(kg/m³)	堆积密度/(kg/m³)
技术要求	—	6~18	—	≥2500	—
试验结果	2.9	9.5	3.0	2590	1400

表3 粗骨料检测结果表

检测项目	泥块含量/%	吸水率/%	针片状含量/%	饱和面干表观密度/(kg/m³)	堆积密度/(kg/m³)	超径/%	逊径/%
技术要求	不允许	≤2.5	≤15	≥2550	—	<5	<10
检测结果	0	0.6	6.2	2680	1400	0	9

（3）速凝剂。采用无碱液态速凝剂 RCMG－10C 型，检测结果见表4。

表4　　　　液态速凝剂检测结果表

检测项目		质量标准	实测值
凝结时间 /min	初凝	≤5	3.28
	终凝	≤12	4.32
抗压强度	1d	≥7MPa	8.2MPa
	28d	强度比≥75%	94%
掺量/%		—	7

（4）纳米材料。无机纳米材料采用跨越 2000 型，是一种经充分研磨、材料颗粒直径达到纳米级的高性能混凝土外加剂，集减水、增强、促凝为一体，无毒、无害、无味、无污染，具有以下特点：

1）具有高活性、高减水的特点，显著改善混凝土的和易性和泵送性，减少泌水。

2）大幅度提高混凝土的各龄期强度。

3）增加混凝土的密度性，提高混凝土的抗渗性能。

4）掺入水泥后改善水泥凝固的三维结构，增大混凝土的聚合力，同时由于其比重和颗粒均比水泥小，改善水泥混凝土的堆积密度能充分起到减水作用，并使胶团产生反复聚合作用。

5）增加喷射混凝土喷射厚度，降低粉尘浓度，减少回弹。

检测结果见表5。

表5　　　　纳米外加剂检测结果表

检测项目		标准规定值	检验结果
减水率/%		≥27	31.5
泌水率/%		无泌水	无泌水
含气量/%		≤4.0	3.6
坍落度保留值 /mm	30min	≥150	162
	60min	≥120	137
抗压强度比 /%	1d	≥180	185
	3d	≥165	174
	7d	≥155	160
	28d	≥145	155
物化性能 /%	烧失量	≤4.0	3.6
	总碱量	≤1.8	1.6
	含水量	≤4.0	3.3

（5）钢纤维。钢纤维的规格采用 CW04－30－1000，直径 0.55mm。检测结果符合《混凝土用钢纤维》（YB/T 151—1999）的技术要求，检测结果见表6。

表6　　　　钢纤维检测结果表

检测项目	技术要求	实测值
抗拉强度/MPa	＞1000	1050
长度/mm	27～33	30.03
直径/mm	0.495～0.605	0.53
长径比	49.5～60.5	57
弯曲性能	弯心直径 3mm，弯折 90°，90%试样不断裂	试样均无断裂
检测依据	《混凝土用钢纤维》（YB/T 151—1999）	

（6）仿钢纤维。仿钢纤维是针对钢纤维而研制的替代产品，同时兼顾合成纤维的一些特点。与钢纤维相比，具有耐腐蚀、易分散、易施工，拌和设备无损伤等特点。产品是以合成树脂为原料，通过特殊的工艺及表面处理后加工而成，具有断裂强度高、在混凝土中分散性好、握裹力强的优点，替代钢纤维用于水泥混凝土，克服了混凝土抗拉强度低、极限延伸率小、性脆等特点，具有抗拉、抗剪、阻裂、耐疲劳、高韧性等性能。

仿钢纤维采用 concrete power 3000 纤维，是一种可以替代钢纤维的高分子聚合物纤维，具有以下特点：

1）有效地抑制混凝土早期裂缝的产生和发展。

2）在混凝土中具有良好的分散性。

3）与水泥基材料有很高的界面黏结力。

4）耐久性突出。

5）属有机纤维，不会有生锈问题。

6）比重是钢纤维的 1/6，重量轻，便于运输。

7）施工作业时，安全性高，回弹料不会伤及施工人员。

8）与常用的钢纤维及钢筋网相比，性价比高。

仿钢纤维检测结果见表7。

表7　　　　仿钢纤维检测结果表

检测项目	技术要求	实测值
抗拉强度/MPa	800～900	856
长度/mm	27～33	30
直径/μm	600～700	660
弹性模量/GPa	30～38	34
断裂延伸率/%	6～10	7.5

6.2　配合比设计

经过室内配合比试验和现场生产性试验，确定最终纳米钢纤维及纳米仿钢纤维喷射混凝土配合比见表8和表9。

表8 CF25 纳米钢纤维喷射混凝土配合比

喷混凝土用量/(kg/m³)						
水泥	用水量	砂	米石	纳米（10%）	速凝剂（7%）	钢纤维
362	159	1115	683	45	25.34	45

表9 CF25 纳米仿钢纤维喷射混凝土配合比

喷混凝土用量/(kg/m³)						
水泥	用水量	砂	米石	纳米（10%）	速凝剂（7%）	仿钢纤维
451	159	1028	686	45	31.57	5

7 喷射混凝土施工

7.1 混凝土的拌和、运输

混凝土采用生产厂区的拌和站进行拌制，现场实验室开具混凝土配合比通知单，通知拌和楼准备拌料，现场拌和人员将所用的纳米、钢纤维和仿钢纤维准备就位，并派2个专职人员投料。投料次序及搅拌时间为：纳米、钢纤维和仿钢纤维按照配合比采用人工添加至提升料斗内并送入拌和机，在加纤维前按正常时间（90s）搅拌混凝土，混凝土搅拌完毕后，在搅拌机中投入纤维材料，再搅拌30s。混凝土拌制后，采用混凝土搅拌运输车运至施工现场。

7.2 喷射混凝土施工

喷射纳米仿钢纤维混凝土施工首先选定尾水主洞两个局部渗水段（1#尾水主洞桩号0+721.8及0+978.2）进行了试验，之后，在1#尾水主洞桩号0+769.3与2#尾水主洞桩号0+408.9两个渗水塌方洞段进行了运用。

喷射纳米钢纤维混凝土在存在渗水、易坍塌的开挖掌子面进行试验并运用。

喷射混凝土采用混凝土湿喷机械手进行喷射施工。喷射施工时喷嘴距喷射部位保持在1.0~1.5m，且尽量与喷射部位保持垂直，对预喷射的部位从一边向另一边喷射，每次喷射的厚度在20cm左右，从一侧向另一侧间隔3~5min循环喷射。对塌方部位，喷嘴对准塌方部位摆动扫射，喷射时随时观察掉落现象，围岩稳定后停止喷射，进行支立拱架及副拱等加固处理。另外，在施工现场进行大板取样。

8 喷射混凝土实施效果

8.1 回弹率测定

为检测纳米仿钢纤维喷射混凝土的回弹量，在试验段对回弹料进行收集测定。喷射施工前，将施工作业面整平、铺上彩条布进行回弹料的收集。喷射结束后，及时对回弹量进行计量。根据收集的回弹量与总拌制量对比关系，测定洞室顶拱喷射混凝土回弹率为7%，边墙部位回弹率为3.5%。

8.2 凝结时间测定

喷混凝土试验的同时，试验人员对混凝土的初凝、终凝时间进行了测定，确定初凝时间为4min，终凝时间为10min。

8.3 混凝土试块强度检测

施工期间，试验人员现场取大板试样，委托试验室进行试块强度检测，检测结果见表10和表11。

表10 喷纳米钢纤维混凝土检测结果表

检测项目	1d	3d	7d	28d
抗压强度/MPa	3.6	14.7	19.2	30.4
抗折强度/MPa	—	2.39	2.93	4.80

表11 喷纳米仿钢纤维混凝土检测结果表

检测项目	1d	3d	7d	28d
抗压强度/MPa	3.7	14.1	18.4	29.1
抗折强度/MPa	—	2.82	3.46	5.13

8.4 现场喷射效果

在富水区，采用纳米钢纤维及纳米仿钢纤维喷射混凝土，由于终凝时间较短，强度增长快，能及时封闭围岩，达到止水效果，避免在渗水作用下洞室坍塌；对存在渗水、断层塌方洞段，强制性进行喷混凝土封闭，能够达到快速封堵的效果，喷层厚度达40cm以上，有效抑制了塌方部位的蔓延，充分体现了纳米钢纤维及纳米仿钢纤维的优越性。

9 结语

纳米钢纤维及纳米仿钢纤维喷射混凝土通过在溧阳水电站尾水主洞的成功运用，收到了较好效果，有效地保证了洞室的安全稳定。通过实际应用对比，我们发现，在适量的掺量条件下，钢纤维喷射混凝土的力学性能比仿钢纤维好，但从耐久性来看，在碳化和氯离子腐蚀环境中钢纤维喷射混凝土将有一个失效的过程，而仿钢纤维喷射混凝土可长期有效。因此，在腐蚀环境条件下，当力学性能满足设计要求时，仿钢纤维完全可以替代钢纤维，不但耐久性提高了，而且还具有以下优势：

（1）一次喷层厚度可达40cm以上，避免了常规喷混凝土多次复喷现象，且能够充分保证不良地质段的支护强度要求。

（2）初凝和终凝时间短，强度上升快，终凝后的抗压强度大幅度提高，尤其是在渗水洞段能快速封闭围岩。

（3）能够快速止水，效果十分显著。

（4）在不良地段，能有效控制洞室塌方的蔓延，为塌方部位进行拱架等加强支护提供了安全保障。

（5）回弹率较小，喷射后的混凝土表面平滑、美观。

龄期对粉煤灰混凝土干燥收缩抗裂性能的影响

陈 晨 焦 凯 王素平/中国水利水电第三工程局有限公司

【摘 要】 针对现有圆环约束开裂试验方法不能进行过程监测，不能定量评价混凝土抗裂性的问题，以圆环试验装置为基础，在约束钢环内侧粘贴应变片，监测混凝土干缩过程中对钢环的压应变，并通过理论计算反算出混凝土的最大环向拉应力来定量评价混凝土的抗裂性。试验结果表明，粉煤灰对混凝土的早期干燥抗裂性有提高作用，30％粉煤灰掺量的混凝土较基准配合比抗裂性提高了22.3％～34.7％，然而粉煤灰对混凝土干燥收缩抗裂性的提高能力随着龄期的增加有逐渐降低的趋势。

【关键词】 干燥收缩 混凝土抗裂性 环向拉应力 粉煤灰 应变

1 引言

混凝土开裂问题是影响混凝土耐久性的关键因素，对混凝土构筑物的使用寿命有重要的影响。然而，混凝土的抗裂性问题一直是混凝土材料研究的热点和难点，至今未能得到很好解决。混凝土的干燥收缩是混凝土在未饱和的空气中因水分散失引起的体积收缩，其中体积收缩量并不等于混凝土水分的散失量。现有的研究成果表明，影响混凝土干燥收缩的因素很多，其中骨料尺寸、水灰比、骨灰比、水泥种类、减水剂以及混凝土所处的温湿度及约束条件均对混凝土的干缩开裂有显著影响。由于干燥收缩影响因素众多，并且因素之间又相互影响，因此对混凝土的抗裂性评价一般采用物理试验的方法进行。在混凝土干燥收缩开裂试验研究方面，传统的平板式收缩试验法由于裂纹位置随机、裂缝细小、定量存在困难，较适合于混凝土的塑性收缩开裂。圆环约束试验法不能进行过程监测，并且不能定量对混凝土的抗裂性进行评价。针对这些问题，郑建和和Ji在传统平板法和圆环试验法基础上增加了诱导缝，提高了开裂敏感性。何真和Zhou通过采用椭圆环作为约束环，使得试件中产生应力集中，进而增加混凝土开裂敏感性。然而诱导开裂方法使得力学模型变得复杂，理论分析变得困难。针对这些问题，本文通过对现有圆环约束法进行改进，在约束钢环内侧粘贴应变采集装置，检测混凝土在干燥收缩过程中钢环的环向压应变，通过计算可以求

出混凝土环的最大环向拉应力，进而可以对不同龄期混凝土的早期抗裂性进行定量评价。最后，通过30％粉煤灰等量代替水泥的混凝土干燥收缩开裂试验，分析了粉煤灰对1d、3d、7d、14d龄期混凝土抗裂性的影响规律，并建立钢环压应变与混凝土环最大拉应力的表达式，可通过钢环的应变测值定量对混凝土的抗裂性进行评价。

2 试验用原材料及试验设计

2.1 试验原材料

水泥：PⅡ52.5型硅酸盐水泥，混合材为石灰石，掺量3.1％，3d抗压强度30.1MPa，28d抗压强度58.2MPa。各项指标均满足《通用硅酸盐水泥》（GB 175—2007）的要求，主要参数见表1。

表1　　　　水泥品质检测结果

品种	烧失量/％	三氧化硫/％	氧化镁/％	比表面积/(m²/kg)	不溶物/％	初凝时间/min	终凝时间/min
海螺	2.65	2.37	1.07	366	1.29	156	208

粉煤灰：为Ⅰ级灰F类粉煤灰，满足《粉煤灰混凝土应用技术规范》（GB/T 50146—2014）规范要求，主要参数见表2。

表2　　　　　　　　粉煤灰品质检测结果

细度/%	需水量比/%	含水率/%	烧失量/%	游离氧化钙/%
8.2	94	0.1	4.1	0.8

砂：天然砂，细度模数2.85，属于中砂，颗粒级配曲线见图1。

石：为天然砾石，骨料粒径为5～20mm。

减水剂：为PCA-Ⅰ型聚羧酸高性能减水剂，主要

指标见表3。

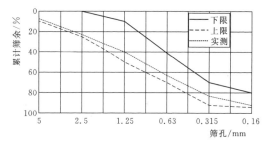

图1　天然砂颗粒级配曲线

表3　　　　　　　　　　　　　　减水剂品质检测结果

品种	掺量/%	减水率/%	含气量/%	凝结时间/min		抗压强度比/%		
				初凝	终凝	3d	7d	28d
PCA-Ⅰ	0.8	26.1	3.5	+75	+50	175	162	150

2.2　试验装置和方法

为了准确测量钢环内侧的环向压应变，取钢环厚度为6mm，试件尺寸见图2。拌和物按照要求进行拌和，装入试模，振捣抹平后放入试验养护箱，开始养护，养护温度为20℃，相对湿度为50%，并同时开启应变采集装置，记录钢环内侧应变，混凝土受到温度作用收缩，钢环应变逐渐增大，当应变发生突变，即混凝土环发生断裂，钢环应力释放，试验结束。试验主要包括钢环应变粘贴、试件成型装模、养护应变监测、结果分析和处理等步骤。试验主要过程见图3。

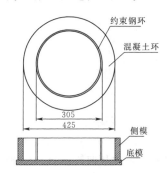

图2　约束圆环开裂试验试模尺寸图

（单位：mm）

(a)养护设备　　　　　　(b)试件成型

(c)应变监测　　　　　　(d)试件检查

图3　混凝土开裂试验的主要步骤

律，并验证试验设备的可靠性，进行以下试验。试验采用基准和30%粉煤灰混凝土，试验采用PⅡ52.5型硅酸盐水泥，水胶比为0.35，砂率42%，聚羧酸减水剂采用推荐掺量0.8%，通过调整用水量，控制坍落度在19～22cm，试验配合比见表4。

2.3　配合比设计

为对比不同龄期粉煤灰对混凝土抗裂性的影响规

2.4　试验结果汇总

根据表4混凝土的配合比分别进行混凝土干燥开裂试验，试验结果汇总见图4和图5。

表4　　　　　　　　　　　　　混　凝　土　配　合　比

编号	水/kg	水泥/kg	粉煤灰/kg	砂/kg	石/kg	减水剂	坍落度/cm	坍扩度/cm
JZ	170	485	0	732	1013	PCA-Ⅰ	21.5	44
F30	155	309	133	757	1046	PCA-Ⅰ	22.5	58.5

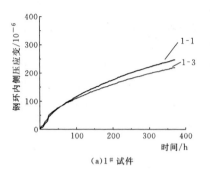

(a)1#试件

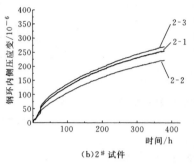

(b)2#试件

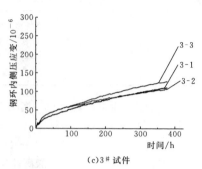

(c)3#试件

图4　基准配比试验结果汇总图

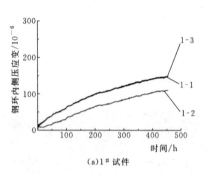

(a)1#试件

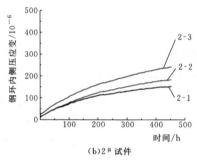

(b)2#试件

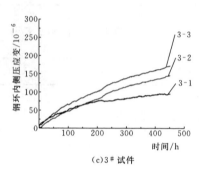

(c)3#试件

图5　F30配比试验结果汇总图

3　试验结果分析

圆环约束开裂试验法，即通过混凝土的干燥收缩对约束环产生压缩作用，并在混凝土环的环向产生拉应力，通过简单的计算可以求出钢环内侧的压应变与混凝土环环向拉应力的关系。约束钢环和混凝土环尺寸见图6，其中 $a=0.1465\mathrm{m}$，$b=0.1525\mathrm{m}$，$c=0.2125\mathrm{m}$。

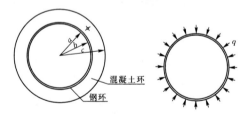

图6　约束钢环和混凝土环尺寸图

根据弹性力学理论，混凝土环和钢环的径向应力 σ_r 和环向应力 σ_θ 可表示为式（1），其中 A 和 C 是与边界条件相关的参数，r 为半径。

$$\begin{cases} \sigma_r = \dfrac{A}{r^2} + 2C \\ \sigma_\theta = -\dfrac{A}{r^2} + 2C \end{cases} \qquad (1)$$

由于钢环厚度较薄，仅为 6mm，可简化为钢环环向受均匀荷载作用，则可建立钢环压应变 ε_s 与压应力 q 的关系，见式（2）。

$$q \cdot 2b = 2tE_s\varepsilon_s \Rightarrow q = \frac{tE_s\varepsilon_s}{b} = \frac{6}{152.5}E_s\varepsilon_s \qquad (2)$$

混凝土环的边界条件：

$$\begin{cases} r = b, \sigma_r = q \\ r = c, \sigma_r = 0 \end{cases}$$

可求出

$$\begin{cases} A = \dfrac{q}{\dfrac{1}{b^2} - \dfrac{1}{c^2}} \\ C = \dfrac{1}{2}\left(q - \dfrac{q}{1 - \dfrac{b^2}{c^2}} \right) \end{cases}$$

由式（1）可知，混凝土环切向最大拉应力在钢环和混凝土环的接触面 $b=0.1525\mathrm{m}$ 处。则可建立钢环压应变 ε_s 和混凝土环最大环向拉应力 $\sigma_{\theta,\max}$ 的关系，见式（3），其中试验用钢环 $E_s=1.42\times10^5$ MPa。

$$\begin{aligned} \sigma_{\theta,\max} &= -\frac{A}{b^2} + 2C \\ &= q - 2\frac{q}{1 - \dfrac{b^2}{c^2}} \\ &= \left(1 - 2\frac{1}{1 - \dfrac{152.5^2}{212.5^2}} \right) \cdot \frac{6}{152.5}E_s\varepsilon_s \\ &= -0.12291E_s\varepsilon_s \qquad (3) \end{aligned}$$

汇总 1d、3d、7d、14d 时钢环的环向压应变 $\varepsilon_{s,t}$ 以及通过计算得到的混凝土环最大环向拉应力 $\sigma_{\theta,\max,t}$，其

中 t 为不同龄期，$\varepsilon_{s,1d}$ 表示 1d 龄期时对应的钢环环向压　　　应变。汇总试验结果见表 5。

表 5　　　　　　　　　　　　　　混凝土干燥开裂试验结果汇总表

配合比	$\varepsilon_{s,1d}$	$\sigma_{\theta,max,1d}$ /MPa	$\varepsilon_{s,3d}$	$\sigma_{\theta,max,3d}$ /MPa	$\varepsilon_{s,7d}$	$\sigma_{\theta,max,7d}$ /MPa	$\varepsilon_{s,14d}$	$\sigma_{\theta,max,14d}$ /MPa
JZ	−41	0.72	−76	1.33	−121	2.11	−175	3.05
F30	−27	0.47	−54	0.94	−94	1.64	−139	2.43

由表 5 和图 7 可知，在干燥收缩条件下，混凝土环向最大拉应力越小，则开裂的可能性越低，因此可以看出 1d、3d、7d、14d 龄期时 F30 粉煤灰混凝土的最大拉应力分别为 0.47MPa、0.94MPa、1.64MPa、2.43MPa，与之对应基准混凝土的最大拉应力分别为 0.72MPa、1.33MPa、2.11MPa、3.05MPa。以基准配合混凝土最大拉应力为基准，1d、3d、7d、14d 龄期 F30 粉煤灰混凝土的最大拉应力降低了 34.7%、29.3%、22.3%、20.3%，即粉煤灰的加入对混凝土早期干燥收缩抗裂性显著提高，然而这种降低干燥收缩的能力随着龄期的增加有逐渐降低的趋势。

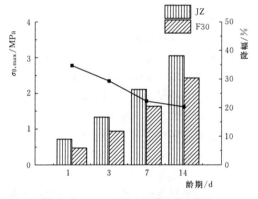

图 7　粉煤灰对混凝土干燥收缩的影响

4　结论

针对现有圆环约束开裂试验方法不能进行过程监测，不能定量评价混凝土抗裂性的问题，以圆环试验装置为基础，在约束钢环内侧粘贴应变片，监测混凝土干缩过程中对钢环的压缩应变，并通过理论计算反算出混凝土的平均环向拉应力来定量评价混凝土的抗裂性。

主要结论如下：

（1）通过粘贴应变片，并选取钢环厚度为 6mm 的约束钢环，钢环厚度是综合考虑了应变的测量准确性和钢环对混凝土环约束程度确定的，这样就可以对混凝土早期干燥收缩性能作定量评价，试验效果比较理想。

（2）根据弹性力学理论可以推求出钢环环向压应变与混凝土环最大环向拉应力关系式 $\sigma_{\theta,max} = -0.12291E_s\varepsilon_s$。

（3）根据 1d、3d、7d、14d 龄期时 F30 粉煤灰混凝土和基准混凝土的早龄期干燥收缩开裂对比试验表明，粉煤灰的加入对混凝土早期干燥收缩抗裂性提高显著，提高了 20.3%～34.7%。然而这种降低干燥收缩的能力随着龄期的增加有逐渐降低的趋势。

浅析面板堆石坝混凝土面板开裂的影响因素

贾高峰　陈晓燕/中国水利水电第三工程局有限公司

马智法/中水东北勘测设计研究有限责任公司

【摘　要】　混凝土面板施工面积大，在浇筑养护期间混凝土所受温差变化较大，容易产生早期裂缝。本文主要阐述了水电站大坝混凝土面板开裂的主要影响因素，推荐了抗裂面板混凝土的设计思路，为今后水电站大坝混凝土面板的设计施工提供参考。

【关键词】　混凝土面板　开裂　影响因素

混凝土中的收缩变形主要发生在浇筑后1～24h。早期混凝土体积变化最剧烈，弹性模量由零迅速增长，水化热大多数集中在早期释放，混凝土的抗拉强度及极限拉应变相对较低，混凝土在约束状态下较易产生裂缝。裂缝对混凝土的力学性能、耐久性能的危害主要体现在以下两个方面：

（1）裂缝的产生直接破坏了混凝土的结构，使得混凝土的抗压强度、抗冻性能及抗渗性能等下降。

（2）细微裂缝虽不具备危害性，但随着混凝土龄期的发展或外部环境的改变，裂缝逐渐扩展，进一步发展成为危害性裂缝，使得混凝土的性能下降。

危害性裂缝使得混凝土结构的性能下降，进而导致产生高额修补费用或者发生重大事故，因此消除或者减少混凝土的早期裂缝是很有必要的，同时也是提高水电站大坝使用年限的一种途径。

1　混凝土面板开裂的主要影响因素

1.1　混凝土原材料

1.1.1　胶凝材料

大体积混凝土是由少量的胶凝材料、大量的砂石骨料及少许外加剂组成。虽然胶凝材料总量只占整个混凝土质量的10%左右，但对于大体积混凝土而言，处于内部的胶凝材料的水化热无法及时散发到结构外部，只能积聚在内部，导致混凝土结构表面与内部出现较大温差，形成温度梯度，产生温度应力，使混凝土容易产生温度裂缝。

混凝土早期裂缝的产生主要受胶凝材料的种类与含量的影响，概括来讲可分为以下几个部分：

（1）以胶凝材料总量一定为前提，水泥用量越多，混凝土的水化热越高，整体越容易开裂，因为水泥中的C_3S、C_3A、C_4AF较高，这三种物质的水化速度及水化热均较大，进而导致混凝土的水化热较高。

（2）以胶凝材料总量和水泥用量一定为前提，使用低热、中热水泥时，混凝土的水化热相对较小，混凝土开裂的可能性也随之降低。

（3）以胶凝材料总量、水泥用量及掺和料用量一定为前提，使用硅粉时，更容易造成混凝土开裂，因为相对于粉煤灰、矿渣来讲，硅粉颗粒更细小，活性更高，其早期释放的水化热更大。

因此，在实际工程应用中，应依据现场的实际情况，合理选择胶凝材料的种类与用量，以保证混凝土的质量。

1.1.2　膨胀剂

针对混凝土开裂的问题，我们较常规的方法就是掺入膨胀剂，利用其早期产生的膨胀体积来弥补混凝土水化过程中产生的收缩体积，进而抑制了混凝土的开裂。我国膨胀剂有三种类型：硫铝酸盐类（如UEA、AEA、JP、PNC、FS、PPT等）、氧化钙类和氧化钙-硫铝酸钙类（如CEA）。

不同膨胀剂的膨胀速率、膨胀时间会有所不同，根据实际应用的水泥特性，匹配合适的膨胀剂，才能使得混凝土的抗裂效果达到最佳。理想的混凝土体积变形控制效果应为微膨胀，如图1所示。

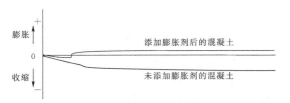

图 1　混凝土的理想体积变形控制效果

（图中横纵坐标无实际意义，曲线只表示趋势）

1.1.3　微纤维

混凝土面板的开裂破坏实际上就是微裂纹萌生、扩展、贯通，直到产生宏观裂纹，最终导致混凝土整体结构破裂。微纤维在混凝土中的应用有效缓解了这一难题。

正常来讲，在搅拌工艺合理的前提下，微纤维可在混凝土中均匀分布，在结构形成过程中，微纤维的加入阻止了微裂纹的产生，从而减少了裂缝源的数量，并使裂缝尺寸变小，降低了裂缝尖端的应力强度因子，缓和了裂缝尖端应力集中程度；在结构受力过程中，依赖于微纤维具有较高的抗拉强度，使得掺加微纤维的混凝土抗拉强度有所提升，进而抑制了裂缝的产生和扩展，达到阻裂效果。

实际工程中使用微纤维时，应该依据实际情况，选择合适的微纤维，制定合适的搅拌制度，使微纤维均匀地分布于混凝土中，这样才有助于混凝土面板的阻裂。

1.1.4　膨胀剂和微纤维在混凝土中应用的试验实例

某工程课题对"膨胀剂和微纤维对混凝土面板的阻裂机理"进行了研究，并对它们在混凝土中的作用效果进行了扫描电镜观测分析，具体如图 2 和图 3 所示。

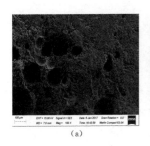

图 2　混凝土扫描电镜观测图（未掺膨胀剂和微纤维）

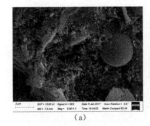
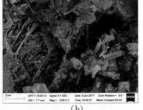

图 3　混凝土扫描电镜观测图（掺膨胀剂和微纤维）

从图 2 中可以看出，（a）图中气孔较多，硬化砂浆结构不密实；（b）图中原生孔洞内有少量针状 AFt（钙

矾石）和氢氧化钙。

从图 3 中可以看出，（a）图中生成针状 C-S-H 凝胶和 AFt 晶体，硬化砂浆结构密实；（b）图中为针状 C-S-H 凝胶、氢氧化钙和 AFt 晶体，相互搭接现场网状纤维结构，图中表面光滑球体为粉煤灰微珠颗粒。

综合分析图 2、图 3 可以得出，混凝土未掺入膨胀剂和微纤维时，结构中气孔较多，结构密实度相对较差；而掺入膨胀剂后，混凝土内部生成大量 AFt 晶体，形成了致密网状结构，具有收缩补偿作用，同时微纤维的掺入也大大提高了混凝土的整体性，进而提高混凝土的抗裂性能。

1.2　混凝土配合比设计与优化

依据工程实际情况进行混凝土配合比设计，控制重点如下：

（1）混凝的工作性能，如坍落度、含气量等。

（2）混凝土的力学性能，如抗压强度、抗拉强度等。

（3）混凝土的形变性能，如自生体积变形、干燥收缩等。

（4）混凝土的耐久性能，如抗冻性能、抗渗性能及抗冲磨性能等。

以上性能须严格按照设计指标进行把控，才能使得混凝土面板的抗裂、耐久效果达到最佳。

1.3　混凝土施工工艺的影响

相比于混凝土原材料性能的比选分析、试验室配合比的优化设计，混凝土现场的施工工艺也会对混凝土面板的抗裂性能产生较大影响，本文主要从混凝土的运输、振捣、养护及温控四个角度进行阐述。

1.3.1　运输及振捣

混凝土面板施工过程中，混凝土的运输方式、运输距离以及现场的振捣程度都会对混凝土的抗裂性能产生影响。

混凝土的运输方式通常有自卸车、混凝土罐车两种方式。自卸车运输对混凝土的工作性能要求不大，但是混凝土罐车运输对混凝土的工作性能要求较高，坍落度过小，混凝土则无法从罐车卸下；坍落度过大，则会对混凝土的抗裂效果产生影响。因此，在混凝土面板施工过程中，选择运输方式一定要慎重。

混凝土的运输距离越远，坍落度损失越大。如混凝土配合比设计初期不考虑坍落度损失，混凝土运至现场时，坍落度过小，混凝土不宜振捣密实而硬化，从而混凝土内部会产生较多孔隙或微裂缝，导致混凝土的抗冻性能、抗渗性能及抗裂性能较设计指标有所下降，以致影响工程质量。

混凝土面板现场施工时，混凝土振捣一定要密实，否则混凝土的各项性能都会产生不同程度的下降。混凝土无论采用表面振捣还是内部振捣的方式，须振捣至混凝土表面泛浆后，方可进行下一道工序。

1.3.2 养护

混凝土面板施工时，养护尤为重要。混凝土表面保湿不充分时，其水分蒸发过快，导致混凝土的干燥收缩加剧，进一步导致混凝土表面裂缝的产生。

在施工现场，混凝土常用的养护方式有两种：①覆盖草帘，洒水养护；②覆盖保温被，洒水养护。无论哪种方式，覆盖、洒水须按设计要求进行，应避免混凝土面板因养护不当产生裂缝。

1.3.3 温控

混凝土面板施工为大面积施工，混凝土内部的水化热温升较大，在必要的情况下，可以在混凝土内部布设冷却水管，采用循环水对混凝土内部的温度进行控制，保持混凝土内部与外部的温差在可控范围，避免温度裂缝的产生。

2 抗裂面板混凝土的设计思路

通过分析混凝土面板开裂的主要影响因素，主要提出以下三条设计思路：

（1）降低胶凝材料水化热：采用优质粉煤灰等量取代部分水泥，降低混凝土整体的水化热，有效降低温度应力，进一步降低温度裂缝产生的可能性。

（2）提高混凝土的抗拉强度：在混凝土中掺加聚丙烯纤维、聚乙烯醇纤维等，增强混凝土的整体性，有效提高混凝土的抗拉强度，缓解应力集中现象。

（3）补偿收缩：在混凝土中掺入膨胀剂，在混凝土硬化过程早期提供自生体积变形小膨胀，以补偿化学收缩和塑性收缩，在中期提供微膨胀，以补偿干燥收缩、自生收缩和温度收缩，后期基本不收缩，保证混凝土体积稳定性，从而提高混凝土的综合防裂能力。

3 结论

混凝土面板开裂的控制，应从混凝土原材料的选择入手，以混凝土的配合比设计为核心，严格控制混凝土的施工工艺，保证混凝土现场施工可行、养护合理及温度可控，进而才能提高混凝土面板的抗裂能力，创造社会及经济价值。

西梓干渠大型渡槽拱圈混凝土施工

杨承志/中国水利水电第八工程局有限公司

【摘　要】　结合地形地质条件，通过对拱圈施工支架分析，采用"格构柱＋箱形拱梁"为主、"架空平台＋满堂支撑架"为辅的施工方案进行西梓干渠拱圈施工，采取 Midas Civil 有限元分析、支架预压和浇筑分块等多种措施，解决了施工安全问题，降低了混凝土开裂概率，实现了大型连拱渡槽拱圈混凝土优质高效施工，可为同类工程施工提供借鉴。

【关键词】　大型渡槽　支架设计　有限元分析　预压系统　浇筑分块

1　工程概述

西梓干渠位于四川省梓潼县境内，包括二洞桥和老鹰石两座大型渡槽。该两座大型渡槽均为五连拱拱式渡槽，每拱跨度为 80m，拱高为 20m，长分别为 518.5m 和 638.5m，建筑物级别为 2 级。

两座渡槽拱圈均由 2 个拱肋及肋间的横系梁组成，拱肋宽度为 1.0m，高度为 2.0～2.85m，肋间间距为 4.4m，拱肋及其横系梁自重约为 1400t。

拱跨基础为槽墩结构，从上至下分别为墩帽、墩身及刚性扩大基础。二洞桥渡槽墩帽采用 C25 钢筋混凝土，墩身采用 C15 素混凝土外包 C20 钢筋混凝土结构，扩大基础采用阶梯形 C20 钢筋混凝土结构。考虑单拱跨施工工况，槽墩采用加强墩，槽墩最大高度为 27.5m。老鹰石渡槽墩帽采用 C25 钢筋混凝土，墩身采用 M10 浆砌石外包 C20 钢筋混凝土结构，扩大基础采用阶梯形 C20 钢筋混凝土结构。考虑单拱跨施工工况，槽墩采用加强墩，槽墩最大高度为 32m。

渡槽布置见图 1。

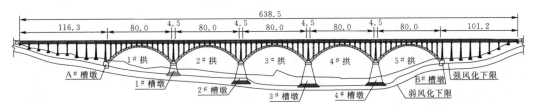

图 1　渡槽布置示意图（单位：m）

2　支架设计

2.1　方案选型

渡槽拱圈具有跨度大、宽度窄、弧线长等特点，施工支架最大高度达 52m，传统落地满堂支撑架难以满足稳定要求，安全隐患大。根据地形地质条件，选取了"格构柱＋箱形拱梁"为主，局部边跨采用"架空平台＋满堂支撑架"为辅的支架施工方案。

"格构柱＋箱形拱梁"方案具有结构简单、受力明确、施工难度小、施工速度快、可靠性高等优势，为首选方案。考虑工程进度等因素，为了多开展工作面，结合现场地形地质条件，在两座渡槽高度较小的 5# 拱处，采用了"架空平台＋满堂支撑架"方案，并控制满堂支撑架搭设高度不超过 20m。

2.2　"格构柱＋箱形拱梁"方案

2.2.1　结构布置

"格构柱＋箱形拱梁"方案主要由上部主梁和下部格构柱两部分组成。

上部主梁根据拱圈特点由并排的两根间距 4.4m 钢结构箱形拱梁组成，其上翼缘直接用作拱圈底模，降低了立模难度，加快了立模速度；结合拱间横系梁施工，在两根箱形拱梁间采用桁架作为横系梁模板支撑，确保主梁整体稳定。

下部格构柱采用螺旋焊管，其顶部通过砂筒与箱形拱梁连接，实现模板微调及落架要求。

"格构柱＋箱形拱梁"方案见图2。

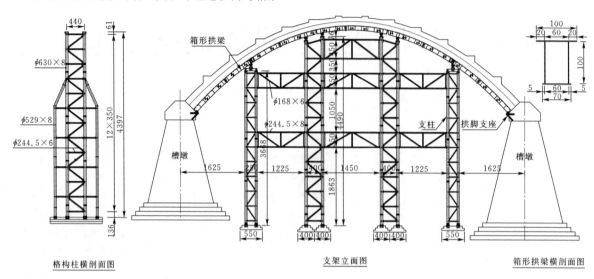

格构柱横剖面图　　　　支架立面图　　　　箱形拱梁横剖面图

图2 "格构柱＋箱形拱梁"方案示意图（单位：cm）

2.2.2 受力分析

渡槽单跨拱圈弧长约92m，为降低混凝土裂缝产生概率，经专家方案论证，拱圈混凝土浇筑分五段，分别为两侧拱脚、拱腰段和拱顶段，每段长约18m，在段间预留1m宽间隔槽，待混凝土强度达到80%时，对间隔槽进行回填合龙封拱。经分析，拱圈混凝土浇筑是一个对支架不断加载的过程，随着荷载的逐步施加，支架受压变形逐渐增加。为减少支架受压变形引起拱圈混凝土开裂概率，按拱脚段、拱顶段、拱腰段顺序分段对称施加。

为保证混凝土浇筑过程中支架满足稳定及变形要求，结构设计采用Midas Civil软件对整个施工过程中的支架受力进行了以下五个工况的模拟分析。工况一：支撑系统搭设完毕，考虑支架自重及风荷载；工况二：拱脚段混凝土自重＋模板及施工荷载作用＋工况一；工况三：拱顶段混凝土自重＋工况二；工况四：拱腰段混凝土自重＋工况三；工况五：合龙段混凝土自重＋工况四。

（1）箱形拱梁设计。箱形拱梁采用钢结构，上翼缘宽1000mm，厚20mm；下翼缘宽700mm，厚20mm；腹板高1000mm，厚18mm。

经计算，在拱圈混凝土的浇筑过程中，最大轴向应力－26.5MPa（工况五），最大剪应力26.9MPa（工况二），最大组合应力167.0MPa（工况二）。根据《公路桥涵钢结构及木结构设计规范》，Q345钢的容许弯曲应力273MPa，轴向应力260MPa，剪应力188.5MPa。因此，在整个拱圈混凝土浇筑过程中钢结构箱形拱梁的强度满足规范要求。

箱形拱梁的最大竖向变形位置为拱脚段（工况五），最大值为－42.4mm。小于$L/400＝18.906m/400＝47.3mm$，故变形满足规范要求。

（2）格构柱设计。格构柱通过砂筒支撑箱形拱梁，承担来自拱圈的荷载。格构柱采用螺旋焊管，主要分肢选取$\phi630×8$，辅助分肢$\phi529×8$，缀条选取$\phi244.5×6$；联系梁弦杆选取$\phi244.5×6$，斜杆及立杆选取$\phi168×6$，具体结构见图2。

经计算，在整个施工过程中，格构柱最大组合应力为－147MPa，主要发生在砂筒支撑杆附近，Q235钢容许弯曲应力188.5MPa，轴向应力182MPa，剪应力110.5MPa，故强度满足规范要求。

两格构柱间最大位移为－14.0mm，小于$L/400＝12.25m/400＝31mm$，故变形满足规范要求。

（3）稳定性验算。利用Midas Civil软件对支架系统进行了屈曲特征值计算，第1模态临界荷载特征值为5.543＞4，可满足稳定要求。

2.3 "架空平台＋满堂支撑架"方案

2.3.1 结构布置

"架空平台＋满堂支撑架"方案由在拱脚高程以下设置的架空平台和平台以上满堂支撑架组成。架空平台结合地形条件设置，除满足竖向受力要求外，应能承担拱脚部位混凝土施工引起的较大水平推力。通过设置揽风系统，增强架空平台平面外的稳定性。满堂支撑架采用$\phi48×3.5$钢管进行搭设，顶部底模板采用P3015散模板。"架空平台＋满堂支撑架"方案见图3。

2.3.2 受力分析

支架系统分三部分进行计算，分别为弧形拱盔、满堂支撑架及架空平台。

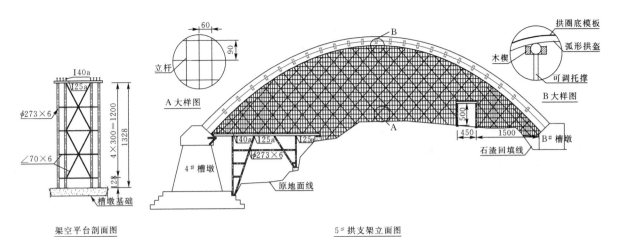

图3 "架空平台＋满堂支撑架"方案示意图（单位：cm）

（1）弧形拱盔。底模板采用散模板进行拼装，设置6根沿拱轴线的弧形拱盔进行支撑，按多跨连续梁设计。经计算，最大弯曲应力 $170N/mm^2$，可满足受力要求。

（2）满堂支撑架。满堂支撑架采用加强型构造，按高度不超过20m、步距0.9m、单根立杆受力不超过18.6kN控制，间距根据拱圈混凝土厚度进行调整。经计算，在拱脚两侧15m范围内，横距0.5m、其余段0.6m，纵距0.4m、0.3m、0.4m设置满堂支撑架，可满足受力要求。

（3）架空平台。架空平台采用常规的钢结构焊接而成，采用Midas Civil软件进行计算。架空平台选取立杆为两组四排 $\phi273\times6$ 螺旋焊管，肩梁为 $I25a$ 工字钢，主梁为四排 $I40a$ 工字钢，可满足受力要求。

3 施工方案

3.1 施工程序

格构柱基础施工→格构柱安装→砂桶安装→箱形拱梁吊装→固定调整→预压→箱形拱梁微调→拱圈钢筋分段绑扎→拱圈模板安装→拱圈混凝土对称分段浇筑→合龙→养护等强→支撑系统拆除。

3.2 格构柱制作与安装

格构柱由螺旋钢管焊接而成，采用标准化分节工厂制作，并配置部分异型节来调整支架高度。格构柱安装采用塔机吊装，节间法兰连接。

3.3 箱形拱梁制作与安装

箱形拱梁采用工厂制作，由钢板焊接而成，单拱肋共分5节制作。

箱形拱梁安装最大单节吊重约12t，采用2台50t汽车吊配合完成，梁间桁架片等小构件采用塔机吊装。箱形拱梁按拱脚段、拱腰段及拱顶段顺序对称进行吊装，单节吊装完后及时锁定，达到结构横向受力均衡，防止发生倾倒事故。箱形拱梁拱脚段与拱腰段采用销轴连接，与梁间桁架片采用螺栓连接。

3.4 预压系统

（1）预压系统设计。在混凝土浇筑前，为了检验支架结构的强度及自身的稳定性，消除支架结构非弹性变形，检验支架的受力情况和弹性变形情况，对支架系统进行了荷载试验。通过试压，模拟拱圈浇筑工况，记录全过程的支架变形情况，测出弹性和非弹性变形参数，为拱圈线性控制提供依据。

在满足预压要求的情况下，本着安全、高效和节约成本的原则，通过对比，预压采用水箱加桥梁专业水袋进行，水箱加预压水袋通过支架平台将荷载施加到箱形拱梁上。预压系统主要包括水箱加预压水袋、支架平台、供水系统3部分。

预压方案为：拱脚段与拱腰段采用水箱＋预压水袋，拱顶段则采用单个水箱并通过预压支架平台将荷载加载到箱形拱梁上。加载分四级进行，分级加载分别为 $50\%\rightarrow75\%\rightarrow100\%\rightarrow110\%$。加载过程分三段：拱脚段、拱顶段、拱腰段。各段预压水箱均按相应顺序进行编号，各段水箱按照预压充水的分级顺序将设计水深加载到位后，停止注水，及时对支架标高控制点与中轴线偏移情况进行观测记录。

（2）施工情况。水箱及水袋供水采用专用水泵进行，供水水箱蓄水从附近的河流直接抽取，选用两台QY65-7-2.2的潜水泵。需要注水量＝1.1×（混凝土自重＋模板自重＋临时支撑）−预压平台及水箱−水袋自重。

在拱脚段预压水袋的充水试验时，发现预压水袋的膨胀趋势大，故在水袋四周设置了脚手架和钢板，避免水袋因侧向水压较大产生滚动或爆裂；为保证水箱的稳定性，对水袋下水箱受力较为脆弱的部位进行了加固处理，并将拱脚段的预压水袋全部更换为水箱。

3.5 混凝土浇筑

根据现场情况及桥墩的抗推验算，拱圈混凝土采用了单拱连续浇筑的方式。

为降低拱圈混凝土浇筑过程中因支架变形对混凝土质量的影响，浇筑程序为两侧拱脚段→拱顶段→拱腰段→合龙。要求两个拱肋同步进行浇筑，对称均匀上升，待混凝土强度达到 80％时，对间隔槽进行回填合龙封拱。在"架空平台＋满堂支撑架"方案中，为减少新浇混凝土产生较大水平力对支架的影响，将拱脚段分为两仓施工，新老混凝土之间采取凿毛处理，保证混凝土浇筑质量。根据施工过程积累的经验，对浇筑程序进行了优化，后期取消了设置在拱脚段与拱腰段的间隔槽，加快了施工进度，施工质量可控。

混凝土采用拌和站集中拌制，$3m^3$ 混凝土罐车运输，QTZ5013 型塔机吊运混凝土入仓，手持 $\phi30$ 型和 $\phi50$ 型软轴振捣棒平仓捣实。

3.6 支架拆除

（1）支架落架：待拱圈混凝土强度达到 80％后，由中间向两端逐步放出立柱顶端砂桶（砂桶高 54cm）中的钢砂。使砂桶上部下落约 16cm，释放支架应力，逐步完成拱圈混凝土受力体系转换，实现落架。

（2）支架拆除：待拱圈落架后，开始拆除支架，拆除顺序与安装顺序相反，由中部向两端进行，采用两台 50t 汽车吊配合完成。

4 结论

拱圈混凝土现浇法施工主要采用"格构柱＋箱形拱梁支撑"方案。据统计，单个拱圈混凝土施工支架结构共需型钢约 382.6t，其中上部箱形拱梁约 119.9t，下部格构柱约 258.8t，预埋件 3.9t。该方案具有结构简单、受力明确、稳定性好、施工简便、施工速度快、材料损耗率小、重复利用率高等特点，为大型拱圈混凝土施工推荐方案。此外，在高度较小的 5# 边跨拱圈混凝土施工中，采用了"架空平台＋满堂支撑架"方案。底部立柱 10.8t，主梁 15t，搭设的满堂支撑架重约 200t。该方案由于满堂支撑架搭设工作量大、搭建速度较慢、施工节点多、施工质量控制难度大、安全隐患多等因素，在大型拱圈施工中有逐渐被取代的趋势，故在施工过程中应加强质量检测，确保工程安全。

三重护筒法水中灌注桩施工技术

陈鹏飞/中国电建市政建设集团有限公司

【摘　要】 本文以长三角地区干线公路桥梁水中三重护筒法灌注桩施工为例,重点介绍了其工艺原理、施工工艺流程,并与两重护筒法灌注桩施工技术进行对比分析,总结其优点及施工注意事项。

【关键词】 三重护筒法　水中灌注桩　循环使用

1 引言

长三角地区在加速国省干线公路建设中,密集的桥梁水中灌注桩施工成为整个工程的关注焦点。传统的筑岛施工法不仅耗用大量土方,且对环境影响极大。若采用双重护筒法,外护筒施工完成后,受场地限制,筒内填土极其困难且不易夯实,容易造成桩位偏移较大。而三重护筒组合法,不仅可有效控制桩位偏移,施工过程无需填土,且在后续下部结构施工中仍可重复利用护筒,有效地保护了生态环境,也节约了施工成本。

2 工程概况

江苏省扬州市面江背淮,跨河临海,是南水北调工程东线的起点,境内水域约 1700 多 km²,占总面积的26%。扬州 611 省道邗江段工程位于扬州市域北部,工程全线采用一级公路标准建设,设计速度 100km/h,一般路段路基宽 26m,城镇路段路幅全宽 43m,项目桥隧比约 5.87%。工程沿线地层分布稳定,统一划归为一个工程地质分区,即长江冲积漫滩工程地质区。地质分类主要以长江冲积为主,土层以软—流塑亚砂土、亚黏土、中—密实砂性土为主。施工图设计的 14 座桥梁全部为钻孔灌注桩基础,总数 484 根,总桩长为 17263m,桩径分 1.2m 和 1.5m 两种,单桩桩长 19～54m。其中水中灌注桩共计约 11060m,占比高达 64%。如何在保护水系环境的同时高效地完成水中灌注桩施工,成为桥梁工程的关键问题。

3 三重护筒法工艺原理

三重护筒法施工钻孔灌注桩的基本原理是采用三种直径不同、壁厚不等的钢护筒,分别在不同施工阶段利用振动锤打入河床,作为水中灌注桩的护筒,以保证钻机钻进、泥浆收集、混凝土灌注等作业的正常进行。

施工开始,利用锤击法将 1 号护筒(图 1)打入河床,并进行钻进作业。清孔完成后,下钢筋笼前,将 2 号护筒与钢筋笼焊接固定,利用其外围橡胶管封闭与 1 号护筒的间隙,防止混凝土灌注时侵入河床。待混凝土达到一定强度后,打入 3 号护筒,提起 1 号护筒,人工拆除 2 号护筒后,再进行桩头破除、下部结构施工等工序。三重护筒法不涉及土方回填、清运及带水作业,比传统方法更易保证工程质量和施工效率,且满足环保要求,经济效益明显。

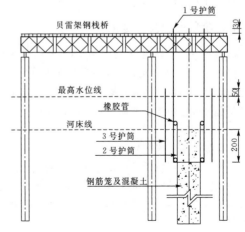

图 1 三重护筒法示意图(单位:cm)

4 三重护筒法施工工艺流程

三重护筒法钻孔灌注桩的施工工艺流程见图2。

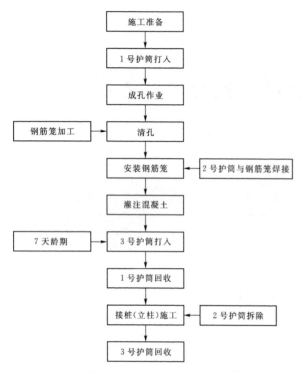

图2 三重护筒法钻孔灌注桩施工工艺流程图

4.1 施工准备

（1）根据河床高程、最高水位高程计算各级护筒长度。当水位较深、钢栈桥平台距河床高差较大时，应分段确定护筒长度，首段护筒长度应满足打入河床后露出测时水位的要求。

（2）按照2号护筒直径，准备足够的密封橡胶管。

（3）检查钢栈桥稳定性，对施工人员进行安全技术交底并做好各类防护措施。

4.2 钻孔阶段的护筒及施工

开钻前先施工1号钢护筒。1号护筒的内径至少大于设计桩径20cm，护筒壁厚10mm，长度按施工准备中计算的长度。护筒用钢筋笼运输车运输。为防止钢护筒因运输及起吊过程中产生变形，制作时在钢护筒两端内侧加ϕ16mm钢筋作为十字撑。

为保证桩基施工成型后符合设计及规范要求，打设护筒过程中，应以钢栈桥平台作为导向及稳固体系，人工配合振动锤使护筒底部沉入施工期河床以下至少2m，且护筒顶部应高出钢平台顶面至少0.3m以上，并与钢平台固定牢固（图3）。

1号护筒施工完成后，复核其位置及倾斜度，用

"十字交叉法"放出桩位，开始钻孔。钻孔过程中护筒内灌注护壁泥浆，通过控制泥浆的稠度及泥浆顶面与水面高差值确保钻孔的稳定性。泥浆存储在移动式储浆池（尺寸为6.0m×2.4m×1.5m）内，当泥浆液面距池顶0.3m时，用挖掘机捞渣并将其装入自卸车运到指定地点。

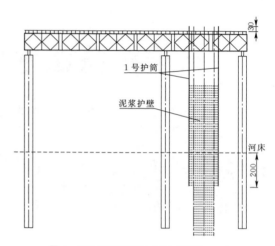

图3 钻孔阶段护筒示意图（单位：cm）

4.3 成桩阶段的护筒及施工

钻孔灌注桩钻孔完成并清孔合格后，下设灌注桩的钢筋笼。为便于桩基定位及后期护筒整体拔出，桩基钢筋笼的上部预先焊接2号护筒。2号护筒采用双半圆螺栓拼接式，两个拼接肋之间加垫止水材料，并预留出橡胶圈缠绕位置，其顶部与桩基钢筋笼顶部平齐，底部与1号护筒底部平齐。本工程2号护筒直径小于1号护筒直径5cm，且比桩基直径大5cm，护筒壁厚约5mm，外壁上下端设置直径7cm的橡胶管，防止混凝土灌入2个护筒之间。

橡胶管上下部位焊接钢板将其与2号护筒固定牢固。固定钢板采用Q235钢板，钢板宽5cm，长度为橡胶管直径的2/3，厚度为10mm，上下端沿护筒各设3处（图4、图5）。

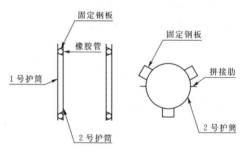

图4 橡胶管及固定钢板安装示意图

4.4 桩头凿除阶段的护筒替换

主要是将3号护筒替换1号和2号护筒，以便后续

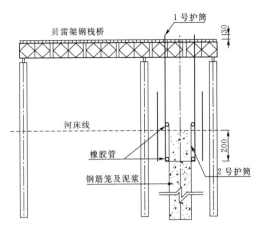

图 5 下设钢筋笼阶段护筒示意图（单位：cm）

施工。由于 1 号、2 号护筒之间采用橡胶管密贴，为避免对桩身的扰动，在灌注桩施工 7 天（混凝土达到一定强度）后方进行护筒替换作业。

护筒替换顺序如下：

（1）使用振动锤拔出 1 号护筒，并分段运送到临近桩基施工位置，便于再次使用。

（2）打入直径最大的 3 号护筒，为方便后期施工，3 号护筒的直径应大于 2.5m。

（3）人工拆除 2 号护筒，适当维修、保养后循环使用。

2 号护筒拆除后，将其中的水排干净，人工凿除桩头。凿除的桩头运往指定地点。

4.5 接桩、立柱完成后的护筒处理

在接桩、立柱施工完成后，利用振动锤拔除最外侧的 3 号护筒，进入循环使用状态。

5 三重护筒法与双重护筒法对比分析

5.1 双重护筒法施工要点及不足

所谓双重护筒法，主要是在水中施打两个护筒进行桩基施工。首先打入较大的外护筒，相当于挡水围堰的作用。外护筒施打完成后，在护筒中逐层填土夯实，然后以类似旱地施工法的方式埋设较小的内护筒，当混凝土灌注完成后迅速拔除内护筒。待桩身强度增长数天之后，清除护筒填土，凿除桩头，再拔除外护筒。

双重护筒法因下列不足已经逐渐淘汰使用：

（1）在水上施工时，外侧护筒内满填土方较为困难，且容易造成水域污染。

（2）外护筒内的填土不易夯实，会引起内护筒偏位、倾斜度发生较大变化，从而影响成孔质量。即便夯实填土，也会因场地受限、施工降效等原因而耗用大量资源。

（3）成桩后凿除桩头前，清理护筒内填土极为困难。

（4）在桩的浇筑过程中，若混凝土浆液进入两层护筒之间，将造成外护筒内壁不光滑，影响护筒的重复利用。

（5）填土过程中工艺间歇时间较长，易造成资源闲置，导致不均衡。

5.2 三重护筒法的优点及施工注意事项

5.2.1 三重护筒法的优点

较双重护筒法而言，利用三重护筒进行水中灌注桩施工具有以下优点：

（1）环保节能。灌注桩整个施工过程没有任何土方施工作业，有效避免了土方施工可能带来的水域污染，满足了江南地区严格的水质保护要求。且护筒的打入和拔除消耗的机械台班远远小于土方施工所用的机械，最大限度地节约了燃料和动力的使用。

（2）施工高效。施工过程中仅需使用锤击法进行各级护筒打入和拔除作业，省去双重护筒法筒内回填、挖除及清运土方的时间，施工速度有明显提升。

（3）资源均衡。整个施工过程中基本不会造成工艺间歇，打拔护筒时间远远小于护筒内土方施工造成的资源闲置时间，对于集中施工的钻孔灌注桩，组织资源投入更加均衡。

（4）成本较低。对于各工序所投入的措施性材料，除 2 号护筒所用的拼接螺栓易出现断丝、滑丝等问题无法重复使用外，其余均可重复利用，且周转次数多、摊销费用很低。

5.2.2 三重护筒法施工注意事项

利用三重护筒法进行水中灌注桩施工时，应特别注意以下内容：

（1）施工前应认真研究地质勘查报告，若护筒打入深度范围内存在 Ⅲ 类土，该方法应慎用；若存在 Ⅳ 类土，则该方法不适用。

（2）因 1 号护筒与 2 号护筒中间设有挤密橡胶管，故应严格控制 1 号护筒拔除时间，以防过早拔除造成桩身扰动。

（3）切勿更改 1 号和 3 号护筒的施工顺序。

（4）应在护筒内灌水情况下拔除 3 号护筒，防止护筒离开河床瞬间底部涌水造成失稳，或碰撞损坏立柱影响外观质量。

（5）在通航河道采用该法施工时，护筒前后应做好警示装置，必要时设置防撞设施。

6 结语

三重护筒法水中灌注桩施工等新技术在扬州 611 省道桥梁灌注桩中的成功应用，使得本工程较招标文件提

前一年完工，确保"中国电建"再次成为行业的领跑者。

三重护筒法水中灌注桩施工所采用的作业平台、三级护筒均为钢材质，施工现场整洁美观，符合安全文明施工、环保节能要求的规定，具有良好的应用前景。三重护筒法施工高效、成本较低，所投入的护筒等材料均可循环利用，且实现了机械化流水作业，能够有效地保证工程质量和施工效率，缩短工期，节约施工成本，为今后类似工程施工提供了宝贵的借鉴经验。

水平旋喷桩技术在暗挖隧道下穿建筑物中的应用

武建君　王富荣/中国电建市政建设集团有限公司

【摘　要】 深圳地铁5号、7号联络线区间段暗挖隧道施工中，采用水平旋喷桩施工工艺，在暗挖隧道拱顶形成一个环状帷幕体，对原土体进行改良，不仅克服了软弱围岩自稳性差的弱点，而且起到了抗变形、防流沙、防渗透的作用，成功解决了暗挖隧道在全风化花岗片麻岩层中近距离穿越浅基础建筑物的难题。

【关键词】 水平旋喷桩　地铁隧道　下穿建筑物　辅助工法

1 前言

城市地铁暗挖隧道在岩土体内进行，隧道的开挖将会引起地表沉降和变形，从而可能影响地面建筑物的安全和地下管线的正常使用。当地铁线路穿越人口密集、地面建筑物林立、地下管网密布的市中心繁华地段时，对施工产生的地表位移和变形要求更严。在这种情况下，施工方法的选择稍有不当，就会造成不可估量的损失。

暗挖隧道在全风化花岗片麻岩中施工时，由于该地层稳定水位埋深浅，采用传统的超前小导管注浆或超前大管棚注浆，注入的浆液因富水软岩无法均匀扩散凝结，在穿过这一特殊地层时就会造成拱顶坍塌或地面下沉。故这两种方法在防止地表沉降及确保上部建筑物安全方面均难以达到预期效果。

水平旋喷桩技术是一种土体加固工艺，其工艺流程与垂直旋喷桩、搅拌桩类似，它在城市地铁暗挖隧道的超前支护中应用不多。在深圳地铁暗挖隧道超前支护中应用该技术成功解决了暗挖隧道在全风化花岗片麻岩中下穿越建筑物施工的技术难题。

2 工程概况

2.1 下穿段工程简介

深圳地铁5号、7号联络线全长452.197m，位于十字路口第二象限，北接5号线，南接7号线，下穿商厦、幼儿园和宾馆等3栋建筑物。联络线所在地区为冲洪积平原地貌，地形平坦，地面高程为13.66～14.77m。道路两侧存在密集的城市市政地下管线，管道分布错综复杂。联络线下穿商厦的西南部，商厦为4层框架结构，浅基础，基底与隧道净距为16m（图1）。

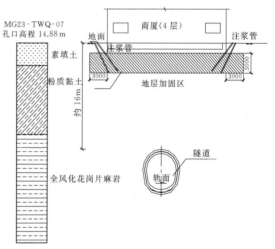

图1　商厦基础与隧道剖面关系图（单位：mm）

2.2 下穿段工程地质情况

联络线隧道下穿建筑物段的埋深为12～16.5m，隧道采用矿山法施工，主要穿越粉质黏土和全风化花岗片麻岩，局部穿越强、中、微风化花岗片麻岩，线路纵段主要处于32‰的纵坡上。联络线隧道于全风化花岗片麻岩中下穿商厦。

3 施工辅助工法比选

常用的隧道开挖辅助工法有水平旋喷加固法、超前预注浆加固法、人工液氨制冷冻结加固法、三台阶临时仰拱法。

原初步设计方案下穿建筑物段采用冷冻辅助工法，即在145m长隧道轮廓外设置2m厚冻结壁，在冻结壁保护下进行矿山法隧道施工。经过工期、造价、效益、施工可行性等方面的综合比较，采用冷冻法无法满足隧道贯通节点要求。隧道将在全风化花岗片麻岩中下穿大厦，根据工程这一特点，将原设计超前支护辅助工法由冷冻圈调整为拱顶180°范围φ600@400双排水平旋喷桩＋超前小导管的超前支护，并进行全断面双液浆止水帷幕加固，将初期支护由格栅钢架调整为I25型钢架。

4 水平旋喷桩施工技术

4.1 技术原理

水平旋喷桩的工艺流程与垂直旋喷桩、搅拌桩类似，原理相通。钻孔采用水平钻机定向打孔，成孔一定深度后拔出钻杆，把配制好的水泥浆液通过改良的钻杆（即在普通钻杆的旋喷头上加焊搅拌叶）喷射到土体内，边旋喷边搅拌，使破坏的土体与水泥浆充分混合，并发生一系列物理化学反应，将软土硬结而形成强度较高且不透水的水泥土桩。

4.2 工艺流程

水平旋喷桩的工艺流程见图2。

4.3 优缺点

4.3.1 优点

（1）质量优。水平旋喷桩桩体外型轮廓明显，内部质量均匀，相互咬合的桩体形成一道连续墙，其防坍塌和防渗效果好，作为超前支护和止水加固措施，是隧道及地下工程理想的辅助施工工法。

（2）效率高。水平旋喷桩的钻进、搅拌、注浆一体化进行，施工速度快，每小时成桩15m左右，比小导管注浆、大管棚和冷冻法的施工效率高。

（3）安全可靠。在水平旋喷桩形成的连续墙的支护和止水结构保护下，隧道开挖施工的安全有保障。在城市浅埋隧道施工中采用水平旋喷桩支护和止水，不需抽排地下水，避免了过度抽水引起地表下沉，不会像采用小导管注浆那样可能使地表产生隆起，也不会像采用大管棚支护那样使地表产生较大沉降等不良影响。

4.3.2 缺点

水平旋喷注浆作为软土隧道的超前支护或加固措施虽有诸多优点，但也有一些不足之处。例如，旋喷桩的长度受到限止，桩长一般为8～12m，若桩长太长其尾部

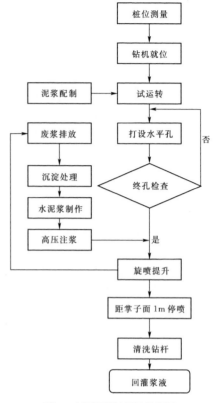

图2 水平旋喷桩工艺流程图

容易向下偏移；在遇障碍物时难以处理，一旦卡钻只能放弃钻杆钻头。

4.4 施工方案

支护方案如下：在隧道拱部开挖轮廓外180°范围设置两排水平旋喷桩（图3），水平旋喷桩相互咬合形成旋喷帷幕体。隧道拱部180°范围的旋喷桩桩径600mm，桩间距400mm，环向相邻桩咬合200mm，标准单循环每根桩长15m，其中包括纵向相邻旋喷桩搭接长度3m（图4），在隧道拱部开挖轮廓外形成地下拱形连续墙体，起到止水、加固土层和超前支护的作用。为加强隧道拱部加固体的强度和刚度，待水平旋喷桩施工完后进行全断面注浆，确保开挖面稳定。隧道掌子面上半断面开挖轮廓内及下半断面开挖轮廓外3m范围内采用水泥＋水玻璃双液浆超前预注浆加固，注浆孔间距1.5m，浆液扩散半径1.5m，梅花形布置，每循环加固长度为15m，预留3m上一循环已注浆段作为本循环止水（浆）盘。

水平旋喷桩施工时，钻孔采用水平钻机定向打孔。成孔一定深度后拔出钻杆，把配制好的水泥浆液通过改良的钻杆（即在普通钻杆的旋喷头上加焊搅拌叶）喷射到土体内。喷嘴压力控制在35MPa以上，钻杆的旋转速度为20r/min，钻杆回撤速度为15～30cm/min。最后形成具有止水、加固地层与超前支护作用的水平旋喷帷幕体。

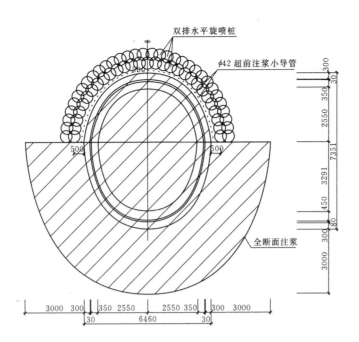

图 3 双排水平旋喷桩及断面注浆范围示意图（单位：mm）

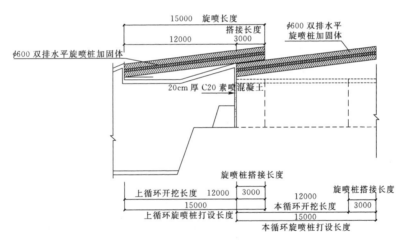

图 4 水平旋喷桩纵断面示意图（单位：mm）

4.5 施工注意事项

（1）进行必要的成桩试验，以获得合理的水平旋喷施工技术参数和施工工艺。

（2）水平旋喷桩桩心偏差不超过 3cm，桩体打设角度与设计要求偏差控制在 2‰ 以内。

（3）严控旋喷桩成桩质量，确保成桩数量、桩径、桩长和桩体强度满足设计要求，达到止水效果。

（4）做好现场施工记录，包括成桩时间、注浆压力、注浆量及旋喷施工参数等。

（5）施工过程中，如遇故障短时间停机（在 2h 以内），应在开始后重复旋喷加固 1m；如停机时间过长（超过 2h），则该桩作废桩处理，应重新施工水平旋喷桩。

5 施工效果

本段暗挖隧道在水平旋喷桩超前支护作用下，在封闭的拱壳内施工，有效防止了涌砂涌水的发生，洞内止水效果良好，成功解决了掌子面松散砂土坍塌、滑移及自稳能力差的难题；隧道上面的房屋主体承重部分无明显裂纹及差异沉降。主要表现为：

（1）隧道拱顶沉降量在 30mm 以内，地面沉降得到有效控制，地面建筑物均未出现裂缝，仅有微小的倾斜，倾斜值在规范允许范围内。

（2）连成片的水平旋喷桩，使开挖作业在封闭的拱壳内进行，施工中掌子面无水渍，开洞后无渗水，满足了止水的要求。

6 结语

水平旋喷桩加超前预注浆加固辅助措施在深圳地铁5号、7号联络线隧道中的应用，保证了开挖过程掌子面稳定，隧道成功通过了全风化花岗片麻岩地段，使得在软弱地层中下穿建筑物的暗挖隧道施工获得成功，给类似工程提供了有益的借鉴。

浅谈水库除险加固土坝充填灌浆施工

梁　雯/广东省水利电力勘测设计研究院

【摘　要】　本文介绍了公平水库除险加固工程坝体充填灌浆的实施过程，全方位展示了生产性试验，以及施工准备、过程控制、质量检验等主要施工环节的实施要点，这些对类似工程具有一定的参考价值。

【关键词】　土坝　水库除险加固　充填灌浆

1　概述

公平水库始建于 1959 年 10 月 25 日，竣工于 1960 年 2 月 10 日，历时百天，依靠人工填筑而成。水库建成以后经历多次扩建与加固，1988 年加固后形成现有工程规模。水库大坝包括主坝、副坝Ⅰ、副坝Ⅱ、副坝Ⅲ。其中，副坝Ⅱ坝长 650m，设计坝顶高程 20.5m，坝顶宽 6m，最大坝高约 6m；副坝Ⅲ坝长 1183m，设计坝顶高程 20.5m。经过安全鉴定，认为原坝顶高程不足、部分断面下游坝坡抗滑安全系数不满足要求，应对大坝进行加高培厚。经过加高培厚，新坝顶宽度统一为 6m；根据加固后各坝段坡比、护坡型式，确定不同坝段坝顶高程（不计防浪墙）分别为：主坝 21.6m、副坝Ⅰ 22.1m、副坝Ⅱ 21.4m、副坝Ⅲ 21.4m。

地质勘察显示，主坝 Z1＋700～Z2＋300、副坝Ⅱ、副坝Ⅲ旧坝体部分坝段填筑时碾压质量较差，存在压实度偏低、渗透系数偏大、有白蚁洞穴等缺陷。针对上述情况，采用黏土充填灌浆方法，消除坝体隐患。

设计要求充填灌浆材料采用黏土浆液，灌浆孔距 2m（图 1），灌浆底部深入坝基 2m。

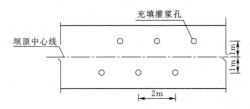

图 1　灌浆孔布置示意图

2　施工准备

2.1　灌浆设备

土坝坝体灌浆，一般应在水库低水位期间进行，以加速浆液固结，保证土坝安全。根据水库水位特点，灌浆施工宜在 5—9 月进行。根据设计图纸，初步计算坝体充填灌浆工程量约 16000m，施工工期计划 4 个月。考虑机械利用效率及天气影响，按每天完成 120m 计算投入的施工设备数量。根据经验，按每天每套（1 台钻机，1 台灌浆泵）土坝钻孔及灌浆 40m 计，则共需投入 3 台套钻孔灌浆设备。即需要配置以下设备：150A 型地质钻机（功率 11kW）3 台，BW－120 泥浆泵（功率 14kW）3 台，2×0.2m³ 双层制浆桶（功率 7.5 kW）3 个，SGB－10 灌浆泵（功率 11kW）3 台，JB－300 搅拌机（功率 14kW）3 台，KKP－1 型测斜仪 1 部，泥浆池为移动式浆液池（1m×1m×1m）。

2.2　浆液配合比试验

为确保灌浆浆液质量，在施工前选定合适土料料源并确定相应配合比。

（1）制浆土料。根据设计要求，制浆土料采用含黏粒 25%～45%、粉粒 45%～65%、细砂 10% 的重壤土和粉质黏土。实施前，在设计指定土料场有代表性地选取土样，并进行天然密实度、颗粒分析、有机质含量及可溶盐含量等检验，确定土料符合设计文件要求。

（2）浆液配合比试验。根据设计文件要求，浆液浓度以控制水土比 1∶0.75～1∶1.25、泥浆比重 1.25～1.5g/cm³ 为宜。据此，以选定的土料，通过室内试验，确定浆液配合比（表 1）。

表1　　　　　　浆液配合比

浆液配合比	水重量/kg	土重量/kg	浆液比重/(kg/L)	干灰质量/(kg/L)	浆液体积/L
1：0.8	100	80	1.26	0.56	142.86
	200	160			285.71
1：1.0	100	100	1.32	0.66	151.52
	200	200			303.03
1：1.1	100	110	1.45	0.76	144.83
	200	220			289.66
1：1.20	100	120	1.50	0.82	146.67
	200	240			293.33

（3）浆液试验。根据设计及规范要求，除容重外，灌浆浆液尚需满足黏度、稳定性、胶体率及失水量等物理力学性能要求（表2）。

表2　　　　浆液物理力学性能指标

项目	胶体率/%	黏度/s	失水量/(cm³/30min)	稳定性/(g/cm³)
指标	≥70	20～100	10～30	0～0.15

物理力学性能指标，均在工地试验室自行测定。经试验验证，浆液性能符合要求。

2.3　现场灌浆试验

为验证灌浆效果，完善和熟悉灌浆工艺，在正式施工前选有代表性坝段，按灌浆设计进行布孔、造孔、制浆、灌浆，以观测灌浆压力、吃浆量及泥浆容量、坝体位移和裂缝等。

通过查看地质图，充填灌浆坝段涉及4种地层类型，自上而下分别是：人工填土、粉质黏土、含砾粉质黏土、黑云母花岗岩。黑云母花岗岩为坝基，设计要求充填灌浆应进入黑云母花岗岩2m。结合充填灌浆设计要求，FⅡ0+240～FⅡ0+300坝段涵盖所有地层类型，具有代表性，选定为试验段。

根据项目划分，充填灌浆10个孔为1个单元，试验段涉及3个单元工程，选择每个单元上游侧的第一个Ⅰ序孔作为试验孔。试验结束后，检查泥浆墙的厚度、密度、连续性、均匀性等，并将检查成果提交监理人，根据试验结果编制充填灌浆的实施方案报监理审批后进入正常施工。

3　施工过程及质量控制

3.1　施工布置

为保证充填灌浆施工有序进行，施工前先根据工程

特点制定合理的施工布置方案。

（1）施工前完成供水、供电及材料的准备工作。施工用水在水库就近取用，生产用电安装至施工部位。

（2）在现场安设好地质钻机、浆液搅拌机等灌浆设备和配套设施。

（3）充填黏土灌浆在新坝顶施工平台上进行。在施工平台下游侧布置制浆站，提供灌浆施工用浆，其连续供浆能力为100L/min。

3.2　灌浆孔入岩深度复核

尽管初设阶段已进行地质勘察，但为确保充填灌浆孔满足"深入坝基以下2m"的设计要求，施工前需通过钻超前钻孔对地质情况进行复核。原地质钻孔间距约240m，综合考虑地质钻孔情况和项目划分，确定每3个单元（即60m坝段）选定第一个单元的Ⅰ序孔为超前钻孔。要求钻孔过程中取出完整芯样进行复核，以确定该坝段灌浆底线高程。

3.3　施工工艺流程

安装钻机→核对孔位→启动钻机（泥浆固壁、套管跟进）→钻至设计孔深→清孔→下灌浆导管→下止浆套管→灌浆（轮、复灌）→封孔。

3.4　施工要点

灌浆前对参加灌浆的人员进行技术培训，技术人员应掌握灌浆设计和技术规范。

（1）充填灌浆布置2排孔，排距2m，分两序施工。灌浆次序，先施工上游排孔，再施工下游排孔；先施工Ⅰ序孔，后施工Ⅱ序孔。造孔应铅直，偏斜不得大于孔深的2%，干法造孔，不得用清水循环钻进。

（2）本工程孔深在10m以内，根据规范可采用由下至上一次性灌注法。

（3）灌浆开始先用1：0.8左右稀浆，经过3～5min后再加大泥浆稠度。若孔口压力下降和注浆管出现负压（压力表读数为0以下），应再加大浆液稠度。浆液的容重控制在设计要求范围内。

（4）灌浆压力按不大于0.2MPa控制，以孔口不冒浆为宜。施灌时灌浆压力应逐步由小到大，不得突然增加；灌浆过程中，应维持压力稳定，波动范围不得超过10%；浆液配比根据灌浆试验结果依据灌浆浓度需求适时调整。

（5）在灌浆中，应先对第Ⅰ序孔轮灌，采用"少灌多复"的方法。待第Ⅰ序孔灌浆结束后，再进行第Ⅱ序孔灌浆。本工程灌注按不少于5次/m、每次平均灌浆量不少于0.5m³控制。

（6）结束标准：当浆液升至孔口，经连续复灌3次不再吃浆时，即可终止灌浆。

（7）充填灌浆应尽量避免坝顶出现裂缝，当坝顶出

现裂缝时应立即停灌。

（8）充填灌浆封孔：当每孔灌完后，待孔周围泥浆不再流动时，将孔内浆液取出，扫孔到底，用直径 2～3cm、含水量适中的黏土球分层回填捣实。均质土坝可向孔内灌注稠浆或用含水量适中的制浆土料捣实。

3.5 质量控制要点

（1）充填灌浆作业前，应检查孔位确认其无误，并在钻孔完成后由监理检验深度及垂直度，合格后方可进行插管灌浆。灌浆过程中应严控每次插管深度。

（2）应确保土料的连续供应和质量稳定性，在实施过程中应通过自检复核土料质量。

（3）严格按浆液试验进行浆液配合比控制，过程中应至少每隔 10min 测量泥浆比重，确保泥浆浆液比重符合要求。

（4）安排专人记录（以 m 为单位）灌浆全过程中的灌浆量、灌浆压力、浆液比重等，并确保其真实性。

（5）做好各种资料的收集，并及时整理上报。

3.6 出现问题处理

（1）坝顶和坝坡冒浆时，应立即停灌，挖开冒浆出口，用黏性土料回填夯实。钻孔周围冒浆，可采用压砂处理，而后再继续灌浆。

（2）白蚁洞冒浆，应先在冒浆口压砂堵塞洞口，在泥浆中掺入万分之一灭蚁灵后续灌。

（3）当Ⅰ序孔灌浆相邻孔串浆时，应加强观测、分析。如确认对坝体安全无影响，灌浆孔和串浆孔可同时灌注；若不宜同时灌注，可用木塞堵住串浆孔，然后继续灌浆；当灌浆后期，相邻孔串浆，说明已形成连续的泥墙，可减少 1 次灌浆量。

（4）如浆液串入测压管或浸润线管，在灌浆结束后，再补设测压管或浸润线管。

（5）若发生塌坑，应在塌坑部位挖出部分泥浆，回填黏性土料，分层夯实。

（6）发现坝坡隆起时，应立即停灌，分析原因。如确认不是与滑坡有关的隆起，待停灌 5～10d 后可继续灌浆，并注意监测。

4 灌浆质量检查及灌浆效果

4.1 灌浆质量检查

充填灌浆施工结束后，主要检查充填灌浆泥墙充填

的有效范围、密度、连续性、均匀性及坝面裂缝、浸润线出逸点、渗流量变化情况等。

泥墙充填有效范围、连续性、均匀性通过开挖及钻孔抽芯确定，考虑坝体安全，应在充填灌浆完成后 1 年进行。浸润线逸出点通过灌浆后对实际逸出点和未灌浆前逸出点的对比确定。渗流量变化通过对比坝后渗流量监测设施数据确定。坝面裂缝通过灌浆过程中对测量点的横向、纵向测量数据对比确定。

4.2 灌浆效果

（1）下游坝体原靠近坝脚处的逸出点消失，灌浆坝体 50m 范围内未发现新逸出点。

（2）通过坝后监测设备对坝后渗流量进行前后对比，选取 Z2＋000 断面渗流数据，加固前总渗流量（正常蓄水位条件下）为 $0.029m^3/(d \cdot m)$，加固后总渗流量为 $0.017m^3/(d \cdot m)$，通过对比得知，灌浆后坝体总渗流量明显减少。

（3）1 年后对灌浆坝段开挖 5m 左右进行检查，该部位纵向存在连续、完整的泥墙。

（4）对灌浆部位抽芯 3 组，试验确定芯样的密度、连续性、均匀性，均符合设计要求。

总体而言，充填灌浆达到了设计预期。

5 结论

公平水库坝体充填灌浆的实践表明，采用黏土灌浆对解决病险土坝坝体空洞、疏松等问题有良好的效果。通过总结，关于此类施工，笔者得出以下结论，供同类施工借鉴：

（1）充填灌浆施工的各参数应通过生产性试验确定，并在施工中进一步完善。

（2）为确保灌浆部位尽早固结，施工务必选择在枯水期水位较低时进行。

（3）灌浆过程中应安排专人对坝体进行巡视，一旦发现浆液逸出，应尽快采取对应措施，保证坝体安全。

（4）为验证灌浆效果，灌浆施工宜在相关安全监测设施具备使用条件后进行，施工前应对渗流量等进行记录，灌浆后再进行对比。

（5）充填灌浆施工属于隐蔽工程，事后质量检测手段相对较少，因此，参建各方应对施工全过程进行严密监控，确保施工按各方认可的方案进行。

马来西亚南车大型钢构厂房屋面板制作及屋面系统安装技术

刘海友/中国水利水电第七工程局有限公司

【摘　要】 本文以马来西亚南车厂房为例，介绍了国外大型钢构厂房屋面板加工及屋面系统安装的施工的技术特点、难点及施工措施，对类似工程施工具有一定借鉴意义。

【关键词】 大型钢构厂房　屋面板制作　安装

1　概述

马来西亚南车厂房位于马来西亚西部霹雳州怡保华都牙野镇南 2km 处，距离怡保 35km，距离吉隆坡 200km，工程区域为热带雨林气候，常年雨水较多，气候炎热。

厂房主要由组装车间及转运架车间及辅房组成，总长 418.6m，最大宽度 88m，最大高度 23.5m，总投影面积 35825.52m²。其中钢桁架最大跨度 40m，钢网架最大跨度 45m，宽度 88m，高度 19.6m，钢网架投影面积为 3960m²。钢架结构是正方四角锥平板式，节点采用螺栓球节点，网格规格为 4.5m×4.5m，支撑形式为多点柱上弦球支撑。

屋面构造由上至下依次为轻质屋面压型钢板、屋面板支座、岩棉、Z 型檩条等，屋面结构见图 1。

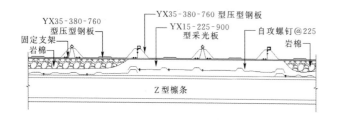

图 1　屋面结构

2　屋面板制作

2.1　制作场地布置

根据现场实际情况，压板前需要综合考虑加工场地、吊运方便程度以及对土建作业干扰影响，分部位分时段进行。场地分别位于 1 轴线辅房 A－E 右侧及 32 轴线左侧，现场为沙土地基，基本满足场地硬化要求。

2.2　吊架制作

成型后的屋面板最长达 44.3m，为保证吊运中压板不弯折损坏，必须采用长吊架配合吊装，需在现场制作一个长 42m，断面为 800mm×800mm×800mm 的三角钢吊架，吊架采用 DN100、δ＝6mm 的无缝钢管和 φ25 圆钢和 L63×6 角钢焊接组成。吊运时 10～20 块屋面板堆叠在一起，将吊架置于上方，用 60t 汽车吊吊运至屋顶。

2.3　屋面板现场制作

本屋面板工程长度方向为整体施工，安装作业处于大面积临空状态，根据设计要求，屋面板一个坡向不允许有搭接，彩钢板长度较长，为便于施工和保证质量，需要加工设备尽可能靠近安装建筑物外两端侧，就近制作，就近安装，尽量减少二次倒运，以免因二次转运而造成板弯折损坏，彩钢板压板的加工和安装应尽可能同步进行。

屋面板机就位后，根据屋面板工艺的要求调整到位、稳固，在开工前进行试生产，先试压长 1.5m 的一小段，检查其尺寸规格，调试面板机的参数，直至生产符合要求的屋面板。

生产屋面板的材料为彩钢板卷材，每卷重 2～3t，卷板前卷材放在板机的后面支架上，保持通风和干燥，避免因浸水而影响彩钢板表面质量。

屋面板出板方向设有辊轴支架，长约 12m，当生产出的屋面板超过 12m 时需要屋面板抬板人抬着向前走，直至生产出足够长的板材，当成型的板材达到设计要求的板长时，停止压板并切割。面板长度宜比设计略长100mm，便于将来板端切割调整。

根据现场实际情况和现场施工要求按编号、尺寸堆放屋面板。压板的堆放场地应平整，成型板与地面隔离空隙高度在 100～200mm，并铺设好垫木，板下垫木间距不应大于 6m，每一层板叠数不应超过 20 张。

屋面板成型后不得被其他物体碰撞，表面应干净，不应有明显的凹凸褶皱，严禁在屋面板上行走或堆放其他物品，以免板受外力产生变形或破坏。

3 屋面结构系统安装

3.1 安装流程

屋面结构安装流程图见图 2。

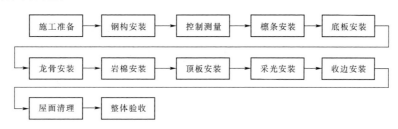

图 2 屋面结构安装流程图

3.2 檩条安装

屋面檩条为薄壁 C 型檩条，用螺栓与檩托进行连接。安装前，应检查檩托安装是否正确。

安装主檩条时，先对好控制轴线，再将檩条螺栓拧紧，检查主檩条是否高低不平，必要时进行调整。次檩条用螺栓与主檩进行连接，螺栓穿好后略微紧固，然后进行位置、标高调节，最后再完全拧紧。檩条安装示意图见图 3。

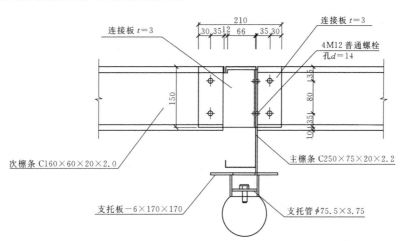

图 3 檩条安装示意图（单位：mm）

质量验收标准包括以下几个方面：

（1）檩条间距允许偏差±5mm。

（2）檩条弯曲矢高偏差不大于 $L/750$（L 为檩条长度），且不应大于 12mm。

3.3 天沟安装

屋面天沟采用钢板折弯成型，钢板材质为 Q235B。

天沟在工厂内制作，根据设计详图，确定屋面天沟的展开尺寸，在折弯机上压制成型，在现场安装焊接。

天沟安装工艺流程：测量放线→天沟支撑架安装→天沟外胆安装→铺设下部保温层→地面天沟对接→天沟就位→天沟焊接→天沟伸缩缝及端头板安装→天沟安装尺寸复核调整→安装天沟泛水板→天沟蓄水试验→天沟开孔处理→天沟清理→缺陷修补→完工。

天沟的垂直运输采用汽车吊加人工辅助吊装，安装天沟支架前应进行天沟测量，天沟放线应与屋面板材在天沟位置标高、檐口的标高及位置同步进行。

两段天沟之间的连接方式为对接焊接，对接时注意对接缝间隙不能超过 1mm，先每隔 100mm 点焊，确认满足焊接要求后方可焊接。焊条型号根据母材确定，焊接完成后应对焊接部位的焊渣进行清除并刷防锈漆。

最终完工后，要对天沟进行清理，清除屋面施工时的废弃物，特别是雨水口位置，要保证不积淤，确保流水的顺畅。

每条天沟安装好后，除应对焊缝外观进行认真检查外，还应在雨天检查焊缝是否有肉眼无法发现的气孔，如发现气孔渗水，则应用磨光机打磨该处，并重新焊接。

安装好一段天沟后，先要在设计的落水孔位置中部钻排水孔，安装排水口，避免天沟存水，对施工造成影响。

3.4 屋面底板、Z 型檩条安装

屋面底板采用 0.4mm 厚镀铝锌压型钢板，在檩条上部铺设。底板板型采用 YX15-225-900 型，固定螺钉两波一个，板端部每波一个；底板上部铺设 Z 型檩条，可与底板同时施工，也可分步施工。安装前将板材安装控制线（屋面底板安装平行线）测放在檩条上，检查檩条的直线度、挠度及隐蔽工程。

屋面底板安装采用自攻螺钉扣挂，在安装好的檩条上先测放出第一列板的安装基准线，以此线为基础，每二十块板宽为一组距，在屋面整个安装位置测放出底板的整个安装测控网。

当第一块压型板固定就位后，在板端与板顶各拉一根连续的准线，这两根线和第一块板将成为引导线，便于后续压型板的快速固定。

安装一段区域后要定段检查，方法是测量已固定好的压型板宽度，在其顶部与底部各测一次，以保证不出现移动和扇形。

压型底板通过自攻螺钉与次檩条连接，自攻螺钉的间距：横向为两波的距离，在波谷处与檩条连接。

钢底板的安装顺序为由低处至高处，由两边缘至中间部位安装，搭接为高处搭低处。按板起线放置后，用自攻螺钉紧固两端后，再安装第二块板。

安装到下一放线标志点处，复查板材安装偏差，当满足设计要求后进行板材的全面紧固。不能满足要求时，应在下一标志段内调正，当在本标志段内可调正时，可在调正本标志段后再全面紧固。

Z 型檩条安装于屋面底层板之上，位于次檩条上方，与屋面底板同时安装有利于底板的固定。固定螺钉两波一个，与底板螺钉错开布置，在底板波峰处与次檩条相连接。

3.5 岩棉安装

岩棉到货后应检查规格、数量、厚度、包装、受潮情况，对不合格的，特别是已受雨淋的保温材料必须进行清退或处理。存放仓库应保持干燥，有防风、防雨、防火设施，现场临时堆放时表面用防火布覆盖，并设灭火器材。

通过吊车或在屋面安装定滑轮将岩棉提升至屋面，当时运至屋面的岩棉当时用完，避免大量堆放或因防水不当造成岩棉雨淋而浪费。

岩棉安装应与屋面顶板安装同步进行，当采取先安装岩棉后铺设屋面板时，岩棉与屋面板前后距离不宜太长，确保当时铺设的岩棉能够及时覆盖。

岩棉安装质量要求：铺设到位、密实，平整，无污染，无受潮、雨淋现象。

3.6 屋面上层板安装

（1）屋面板支座安装。安装前应检验屋面檩条的安装坡度，不符合要求的及时校正。屋面板安装后，因热胀冷缩可导致屋面板自由滑移，为防止出现因支座安装不正确造成屋面板被拉破的现象，安装屋面板支座时，应先打入一颗自攻螺钉，然后对支座进行一次校正，调整偏差，并注意支座端头安装方向应与屋面板铺板方向一致，校正完毕后，再打入其他螺钉，将其固定，并控制好螺钉的紧固程度，避免出现沉钉或浮钉。

安装中及时调整固定座安装坡度，确保与屋面板平行，安装完成后应复测，检查平整度及屋面波纹线对屋脊的垂直度，且固定座的安装坡度应与屋面板平行。

固定座的安装精度：目测每一列屋面板支座应在一条直线上。

屋面板支座如出现较大偏差时，屋面板安装咬边后，会影响屋面板的自由伸缩，严重时板肋将在温度作用下被磨穿。如发现有较大的偏差时，应对有偏差的支座进行纠正。

（2）屋面上层板安装。屋面板采用型号角驰 760 型，固定方式为无孔锁扣式连接。其安装流程为：放线→就位→咬边。

屋面板的平面控制，一般以屋面板下固定支座来定位，在屋面板固定支座安装合格后，只需设板端定位线，以板伸出天沟边沿的距离为控制线，板块伸出排水沟边沿的长度以略大于设计为宜。

就位时先对准板端控制线，然后将搭接边用力压入前一块板的搭接边，最后检查搭接边是否紧密接合。

屋面板位置调整好后，用电动锁边机或手动锁边钳进行锁边咬合，本咬合方式为 360°。要求全程咬紧，咬过的边连续、平整,不能出现扭曲和裂口。当天就位的屋面板必须完成咬合,以免来风时板块被吹坏或刮走。

(3)采光板安装。采光板安装可与屋面板同时进行,视采光板到货情况而定,可先可后安装,但最好同时进行,以免窝工,由于采光板为透明的有机玻璃材质,安装时严禁踩踏,否则很容易造成采光板破坏及安全事故发生。

(4)屋脊堵头板、挡水板安装。屋面板在屋脊处应正确设置屋脊堵头板、屋脊挡水板,并用防水密封胶嵌缝。屋面板安装好后可同步进行屋脊堵头板、挡水板、檐口堵头板及防水密封胶的敷设。

(5)金属屋面的保护与清洁。金属屋面的构件等应有保护措施,不得发生碰撞变形、变色、污染等现象。

金属屋面工程安装完毕后,将屋面表面清扫干净;并清理干净天沟内的杂物。

3.7 收边件安装

收边件安装在屋面上层板安装完成后进行,按照图纸要求安装,搭接处加密封胶;凡收边件与混凝土结构插接的地方,要先切除细槽,吹净浮灰,加密封胶后进行安装。

4 结语

本工程为铁路机车系统大型钢构厂房工业建筑,跨度大,安装高度高,压型屋面工作量大,尺寸超长,吊运安装难度大,场地紧张,土建结构并行施工,压型板施工占地面积大,需合理安排施工用地,工序配合,密切衔接,机动灵活布置施工机械和安排劳动力资源。

南水北调中线吴庄西公路桥 40m 预制梁吊装工艺

雷永红/中国水利水电第四工程局有限公司

【摘　要】 吴庄西公路桥施工中，为使支座预埋钢板与支座上钢板之间紧密贴合，避免偏压、脱空、不均匀支承等现象的发生，采取在两层钢板之间填塞不同直径钢筋再灌注支座砂浆工艺将空隙填满，使支座整体受力。该工艺较之传统单纯灌注支座砂浆工艺，解决了填塞可能不饱满、砂浆灌注后可能发生裂缝等问题，抗压强度更高，降低了桥梁运行期支座检修频率，保证了桥梁运行安全。同时，钢筒临时支座的设计，较之传统支座材料易选购、加工制作工艺简单、成本低、施工便捷。

【关键词】 公路桥　预制梁　吊装

1　概述

吴庄西公路桥位于南水北调中线双洎河渡槽工程段内，设计为斜交桥，与总干渠夹角53°，桥梁全长126m，共3跨，单跨标准跨距40m，设计荷载为公路-Ⅱ级。桥梁上部结构为3×40m装配式预应力混凝土（后张法）连续箱梁，共3孔，每孔3榀，共计9榀，标准梁长40m。箱梁中心高度2.0m，中梁顶宽2.4m，边梁顶宽2.85m，底宽均为1.0m。箱梁混凝土设计方量（C50钢筋混凝土）：中跨中梁53.1m³、中跨边梁56.9m³、边跨中梁55.1m³、边跨边梁58.7m³。采用先简支后连续法施工。

全桥通过墩（台）盖梁及支座垫石高程来调整桥梁纵坡，这就使同一榀梁两端的高程不一致，梁底形成一定的纵坡。为使永久支座与箱梁连接成一个整体，箱梁预制时需在梁底预埋支座钢板，梁底预埋支座钢板也就相应的存在一定坡度，预制梁浇筑时梁底预埋钢板可能发生移动，箱梁吊装到位后，存在支座预埋钢板与支座上钢板之间不能紧密贴合而不满足支座安装要求的可能。

预制箱梁设计最大梁重152.6t（边跨边梁），最小梁重138.1t（中跨中梁）。箱梁实际梁重最大约165t，采用1台300t和1台400t汽车吊进行双机抬吊吊装。

2　临时支座制作安装

经分析研究和验算，桥梁临时支座设计为钢筒型，采用直径245mm壁厚δ14mm的无缝钢管两端焊接上下钢板制作而成，上下钢板厚度20mm，每个梁端安放2个临时支座。

桥梁设置了竖曲线，桥墩（台）盖梁混凝土顶面与梁底间为空间梯形结构，空间梯形结构的临时支座加工制作结构尺寸不易控制，支座加工制作结构尺寸偏差超标可能造成落梁后支座点受力，影响施工安全和梁位，同时梁位偏差可能造成永久支座承受剪力，影响永久支座质量甚至造成永久支座破坏。为解决上述问题，临时支座制作时支座上下钢板均设置为平面，同时将支座实际制作高度较理论高度适当减小5～10mm，箱梁吊装前按测量放样将临时支座安放在指定位置，箱梁吊运至设计位置后暂不脱钩，采取在临时支座底部填塞不同厚度钢板措施，使支座上钢板与梁底严密贴合，然后松脱挂钩，支座整体受力。

计算临时支座理论高度时，以盖梁混凝土顶面实际浇筑高程为准。

3　永久支座安装

永久支座安装在支座垫石上，支座安装前，测量支座垫石混凝土顶面高程，处理支座垫石。本桥梁工程支座分别设计为："滑动四氟板式橡胶支座""固定板式橡胶支座""盆式橡胶支座"。

3.1　滑动四氟板式橡胶支座安装

公路桥0#及3#桥台支座为GYZF₄325×77

（NR）型四氟滑板橡胶支座，每个桥台垫石上安装两个，共计 12 个。四氟滑板橡胶支座分为三部分，分别为支座上钢板（底面为不锈钢板）、橡胶块、支座下钢板。

测量支座垫石混凝土顶面高程，凿毛至低于设计高程 3～5cm，在支座垫石上测放出十字交叉支座中心线，同时在支座下钢板上也标出十字交叉中心线，将支座下钢板安放在垫石上，使支座的中心线与垫石上的中心线重合，支座准确就位，并调整高程，安装锚固螺栓。

将不锈钢板和四氟板表面擦拭干净，安装四氟板并在四氟板的储油凹坑内涂刷充满不挥发的"5201 硅脂"，然后安装上钢板。灌注支座砂浆，使砂浆充满螺栓孔及支座下钢板与垫石间的空隙，将支座牢固固定在垫石上。最后安装防尘罩。

箱梁吊装就位后，用螺栓连接支座上钢板与梁底预埋钢板，同时将支座上钢板采用分段焊焊接在梁底预埋钢板上。若支座上钢板与梁底预埋钢板间有间隙，则在两层钢板之间填塞不同直径钢筋再灌注支座砂浆将间隙填满，填塞钢筋应与上、下钢板焊接。

3.2 固定板式橡胶支座安装

公路桥 1# 桥墩支座为 GYZ 450×90（NR）型固定板式橡胶支座，每个桥墩垫石上安装两个，共计 6 个。

测量支座垫石混凝土顶面高程。如垫石混凝土顶面高程高于设计高程，则凿毛至设计高程，并采用支座砂浆找平垫石混凝土表面；如垫石混凝土顶面高程低于设计高程，则先进行凿毛处理，再采用支座砂浆将垫石混凝土顶面高程调整至设计高程。

在支座垫石上测放出十字交叉支座中心线，同时在支座橡胶块上也标出十字交叉中心线，将支座橡胶块安放在垫石上，使支座的中心线与垫石上的中心线重合，支座准确就位后安装支座上钢板。

箱梁吊装就位后，用螺栓连接支座上钢板与梁底预埋钢板，同时将支座上钢板采用分段焊焊接在梁底预埋钢板上。若支座上钢板与梁底预埋钢板间有间隙，则在两层钢板之间填塞不同直径钢筋再灌注支座砂浆将间隙填满，填塞钢筋应与上、下钢板焊接。

箱梁顶板钢束张拉结束，连接顶板钢束张拉预留槽口处的钢筋后，浇筑桥面现浇层混凝土，浇筑完成后拆除临时支座，完成体系转换。

3.3 盆式橡胶支座安装

公路桥 2# 桥墩支座为 GPZ（Ⅱ）2DX 型盆式橡胶支座，每个桥墩垫石上安装两个，共计 6 个。

测量支座垫石混凝土顶面高程，凿毛至低于设计高程 3～5cm。在支座垫石上测放出十字交叉支座中心线，

同时在支座上也标出十字交叉中心线，将支座安放在垫石上，使支座的中心线与垫石上的中心线重合，支座准确就位，并调整高程，安装锚固螺栓。

灌注支座砂浆，使砂浆充满螺栓孔及支座下钢板与垫石间的空隙，将支座牢固固定在垫石上。

箱梁吊装就位后，用螺栓连接支座上钢板与梁底预埋钢板，同时将支座上钢板采用分段焊焊接在梁底预埋钢板上。若支座上钢板与梁底预埋钢板间有间隙，则在两层钢板之间填塞不同直径钢筋再灌注支座砂浆将间隙填满，填塞钢筋与上下钢板焊接。

箱梁顶板钢束张拉结束，连接顶板钢束张拉预留槽口处的钢筋后，浇筑桥面现浇层混凝土，浇筑完成后拆除临时支座，完成体系转换。

4 箱梁吊装注意事项

预制箱梁时，需结合设计梁重、吊装高度、吊装顺序、吊车选择及站位等因素合理布置预制梁台座，尽量避免箱梁吊装时倒钩。

预制箱梁时，需复核吊装孔位置、临时支座位置，避免钢丝绳与临时支座相互影响。

支座垫石混凝土浇筑后顶面为浮浆，强度较低，支座安装前必须将浮浆凿除。

箱梁吊装时，需准备足够数量的、不同厚度的钢板，调整临时支座高度；需准备足够数量方木，用于边梁吊装后的支撑（支撑于盖梁顶部和箱梁翼板）。

5 结语

箱梁吊装临时支座及永久支座安装是箱梁吊装施工的关键，对箱梁吊装施工安全、箱梁就位质量、永久支座质量、桥梁运行期支座检修频率及桥梁运行安全等具有重要影响。

钢筒临时支座较传统工桩临时支座制作工艺简单、成本低；较木墩临时支座材料易选购且不存在弹性变形影响梁位问题；较传统单纯灌注支座砂浆工艺，无空隙填筑不易饱满、支座砂浆可能产生裂缝的问题，同时抗压强度更高；较砖临时支座抗压强度高；较硫磺砂浆临时支座，无需厂家订购、成本低；较砂箱临时支座无需落梁后再进行调整梁位。

钢筒临时支座的设计使用，对预制梁落梁梁位有保障，保证了永久支座不因落梁发生损坏或永久支座受剪力影响质量。

梁底预埋钢板与支座上钢板填塞，提高了填塞体抗压强度，达到严密贴合目的，保证了填塞体质量，降低了桥梁运行期支座检修频率，同时进一步保证了桥梁运行安全。

临时支座安装采用先将预制梁吊运到位不脱钩，调

整安装临时支座后，使支座上钢板与梁底严密贴合，然后松脱挂钩，保证了临时支座整体受力。

箱梁吊装工艺在南水北调双洎河渡槽工程吴庄西公路桥施工应用中取得了良好效果，降低了成本，提高了质量，安全可靠，施工便捷，桥梁各项参数均符合设计要求。

塔贝拉库区深水下闸多功能平台简介

张光辉　谢贞金/中国水利水电第七工程局有限公司

【摘　要】巴基斯坦塔贝拉水电站四期扩建工程，需在离岸边200m处将单套重达100多t的叠梁门下放至库底门槽，实现下闸封堵任务。本文介绍下闸多功能平台的设计，通过巧妙构思，满足下闸各种功能的要求且经济实用，圆满实现预定的下闸目标，为类似工程提供借鉴经验。

【关键词】叠梁门　深水下闸　多功能平台

1　工程概况

塔贝拉水电站位于巴基斯坦印度河干流上，在拉瓦尔品第西北约64km，工程始建于1968年，控制流域面积17万km²，总库容137亿m³，总装机3478MW，工程具有灌溉、发电、防洪等效益。主坝系斜心墙土石坝，最大坝高143m，坝顶长2743m，坝体体积1.21亿m³，是世界上填筑量最大的土石坝。塔贝拉水电站四期扩建工程，将右岸4号灌溉洞改造为发电引水洞，并新建一座装机1410MW（3×470MW）的电站，扩建后电站总装机容量达到4888MW。

四期扩建工程是利用4号灌溉洞原有的2套检修闸门（单套重108t）分别改造为4节封堵叠梁门，设法将其放入库区内原有进水口闸槽中临时封堵4号洞，然后新建高位取水口，同时进行隧洞出口新增发电厂房修建。4号引水洞封堵是塔贝拉水电站四期引水洞改造的紧前工作，直接影响整个项目进度，封堵工期紧，是整个扩建工程的关键任务。

2　面临的主要问题

（1）下闸吊装设备选择困难。原检修闸门单套重量达108t，经分节改造成4节叠梁门后，最大单重32t。库区门槽位于库区水下80m深处，下闸位置离岸边最近距离200m，陆基起重设备无法覆盖。

（2）水上平台控制困难。库区常年风速3级，浪高平均0.5m，水面作业平台测站测量精度、平台稳定性难以控制。

（3）下闸过程监测控制困难。库区深水下闸，水下80m采用无导轨吊装，门槽与闸门间容差仅±30cm，下闸过程中，对闸门状态进行动态高精度测量难以控制。

3　水上平台功能要求

（1）运输能力。要求一套叠梁门（共4节）应能在一个运输循环完成吊装。叠梁门节存储108t，吊装设备重量按80t，辅助设备和人员按20t，则平台总荷载为208t。在承受荷载的情况下浮箱纵向坡度控制在1‰以内。叠梁门总面积约100m²，吊装作业区面积约100m²，测量定位等设备占用面积约100m²，取平台面积有效利用系数为0.6，预期平台面积为500m²。

（2）起吊能力。平台上的起吊设备有效吊重必须大于32t（最重的叠梁门节重量，尺寸为5855mm×4450mm×1200mm）。平台上的起吊设备有效吊深必须大于最大可能吊深120m。

（3）起吊状态控制能力。平台上的起吊设备在叠梁门下闸过程中应具备准确测定吊深、测量吊重、测量控制抓梁角度、测量抓梁和叠梁门的间距的功能。

（4）技术供应能力。平台还应具备电力供应、平台精确定位和平台锚定的能力。

4　多功能平台设计

4.1　平台设计

首先确定浮箱尺寸、结构型式、工程施工需求、运输标准等。综合应用GB 50017—2003《钢结构设计规范》、《内河小型船舶建造规范》《船舶建造质量检验规范》等的相关内容，确定浮箱的结构型式和尺寸，再进行浮箱的整体强度与薄弱构件强度、整体结构稳定性的校核。

在进行浮箱整体强度分析时，一般可将箱体视为空心梁结构，重点分析沿箱体长度方向所承受的不均匀分布的荷载和浮力，其共同作用使浮箱产生总的纵向弯曲。浮箱的整体纵向弯矩和剪力包含浮箱处于静力状态下的弯矩与剪力、浮箱受到波浪冲击力而产生的附加弯矩与剪力两部分。在进行箱体结构设计计算时，可以假设浮箱静置于波浪上，在重力与浮力的共同作用下，依据梁的弯曲理论计算得到箱体的弯矩和剪力。

假设浮箱沿长度方向每单位长度的重力为 ω，所受浮力 $\rho g F$（其中 ρ 为水的密度，F 为箱体水下横剖面面积），则距浮箱端面沿长度方向 x 位置处箱体截面的剪力和弯矩可以用以下公式求得：

$$Q_x = \int_0^x \omega \mathrm{d}x - \int_0^x \rho g F \mathrm{d}x \tag{1}$$

$$M_x = \int_0^x Q_x \mathrm{d}x \tag{2}$$

上式计算的边界条件为：当 $x = 0$ 与 $x = 1$ 时，$Q_0 = Q_1 = 0$；$M_0 = M_1 = 0$。

对于浮箱结构体系而言，不论采用何种结构型式及尺寸，整个箱体的构造依旧是板梁的组合结构。构件的整体系统中一些特定的独立构件发生破坏并不一定会对整个结构系统造成灾难性的影响，但是如果破坏的构件是系统的一个静定构件，则可能导致整体系统的崩溃，因此可采用概率论的方法对结构的可靠性进行分析。

4.2　平台浮箱的选取

根据工程现场条件和海外其他项目闲置浮箱多套的实际情况，叠梁门多功能吊装平台选择浮箱作为浮具，浮箱模块尺寸为 12m×3.0m×1.5m（长×宽×高），自重约 11.5t。浮箱最大允许吃水深度为 1.2m，单个浮箱排水量约为 43.2t。浮箱模块为船用钢板焊接而成的密闭箱体，侧面设有丁钩和销轴以便相配连接，浮箱模块结构如图 1 所示。

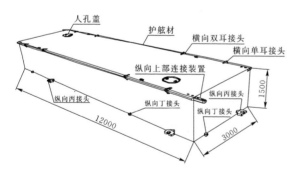

图 1　浮箱模块结构图（单位：mm）

4.3　平台多种功能实现

（1）运输能力实现。考虑平台中间预留叠梁门安装吊物孔，平台中部无浮箱，叠梁门多功能吊装平台由 14 个浮箱模块按 3 列 5 行排列拼装而成，在平台中部预留吊物孔（第 2 列第 3 行少安装 1 个浮箱），平台轮廓尺寸

为 36m×15m×1.5m（长×宽×高）。根据浮箱模块的参数，平台最大允许吃水深度为 1.2m，因此理想满载排水量为 604.8t，浮箱平台自重为 161t。平台上配置运输叠梁门的电动台车和轨道系统，满足同时存放 4 节叠梁门的要求。叠梁门多功能吊装平台平面布置如图 2 所示。

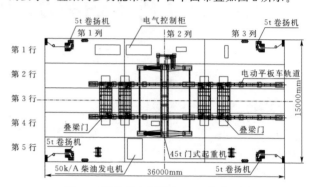

图 2　叠梁门多功能吊装平台平面布置图

叠梁门多功能吊装平台的技术参数见表 1。

表 1　叠梁门多功能吊装平台的技术参数

序号	名称	参数
1	平台总体尺寸	36m×15m×1.5m（长×宽×高）
2	吊装设备	45t 门式起重机
3	设计起吊工件	叠梁门最大单节重量 32t，共 4 件
4	装载门节数量	4 件（总重约 108t）
5	作业环境	水上
6	风力	小于 6 级
7	水域条件	内陆水库
8	流速	0.5m/s
9	适用水深	45m～120m
10	设计载重	160t
11	实际载重	112t（包括叠梁门和潜水装备）
12	浮箱自重	257t（包括台车、45t 固定门机及发电机等）
13	抓梁及液压系统	1 套
14	安装最大工件外形尺寸	5855mm×4450mm×1200mm

（2）起吊能力实现。在平台中部布置 1 台固定式的 45t 门式起重机，起重机的高度为 12.5m，最大吊深可达 140m。门式起重机吊钩中心，与平台中部预留吊物孔（第 2 列第 3 行）的中心重合，以便叠梁门吊装作业。

（3）起吊状态控制能力实现。

1）抓梁自由行程和抓钩测量与指示装置。液压自动抓梁由缸体、液压穿轴装置、液压驱动装置、支承导向装置、定位装置、穿（退）轴和就位检测装置、水下快速电缆插头等部件组成。为了用抓梁的自由行程判断叠梁门吊装的状态，在抓梁上安装具有厘米级精度的红外测距系统，可测量抓梁与叠梁门顶板的距离，从而根据抓梁是否进入了自由行程段来判断叠梁门是否就位。

2）吊深和吊重指示系统。在门机的起升机构上安装扬程指示及位置控制装置、荷载指示及限制装置。扬程指示及位置控制装置是根据钢绳的行程折算吊深行程，从而校核叠梁门节所处高程。荷载检测及限制装置具有过载和欠载保护功能。运行时，当启闭荷载达到额定荷载的90％时，发出声光报警信号；当钢丝绳拉力超过额定荷载的10％时，自动切断电源，起升机构停止工作。吊装过程中根据门机荷重与门叶自重的关系，来判断门节是否已放至安装位。

3）实施吊装过程控制。根据整套运输逐节吊装的方案，首先在岸边将一套4节装载上叠梁门多功能吊装平台，置于装载小车上；利用吊装平台的测量和锚定系统、抓梁四角系统控制，测控平台位置、叠梁门位置和姿态，保证叠梁门起吊轴线与闸槽轴线重合；缓慢下放门叶，监控吊深行程值，将叠梁门放至距闸槽入口上方500mm高处时暂停；再次校核、调整多功能吊装平台和叠梁门姿态，复核叠梁门轴线与闸槽轴线重合；继续下放门节，直至门机荷重减小值与门节自重相当，判断门节已放至安装位，并利用吊深行程以校核；进一步放下抓梁，同时观察液压抓梁的自由行程监控值，确认后，操作液压抓梁张开抓钩，脱开门节并提起液压抓梁。

（4）技术供应能力实现。

1）平台锚定。本工程的多功能吊装平台锚定系统采用海军锚作为主锚，由海军锚、浮筒、锚链等部分组成。浮箱平台定位时，将浮箱平台四角上的5t卷缆机放缆，与锚链连接，完成水面多功能吊装平台与锚定系统的连接，根据测量反馈结果，通过卷缆机牵引海军锚实现对平台水面位置的快速精确调整。

2）平台精确定位。利用GPS-RTK粗略定位，再利用全站仪对吊装平台上的控制点进行高效高精度测量定位，可实现多功能吊装平台的厘米级高精度定位。通过电动锚定系缆动态操控吊装平台姿态，牵动吊装平台并稳定于叠梁门闸槽的正上方，使浮箱上的吊点中心与叠梁门闸槽中心线重合。工程实践表明，在收到测量结果后5～10min后平台即可调整到位，其定位精度可达厘米级。

3）电力供应。平台上布置1台备用50kVA柴油发电机，作为4台电动卷扬机、1台45t门式起重机的电力供应。

5 多功能平台拼装

浮箱采用15t平板汽车单件运输，车速不超过25km/h。浮箱和其他组件采用120t汽车起重机吊装。平台的浮箱模块按3列5行排列，将平台3列顺次编号为三组，每组5个浮箱（第二组4个浮箱），平台按照分组编号顺次拼装。

第一组浮箱组装拼装方法：利用120t汽车起重机将第一个浮箱吊入水中，与岸边设置的系缆柱固定后起重机松钩；再将第二个浮箱吊入水中，靠近已固定浮箱，用专用钩篙进行人工方位调整；两个浮箱完全接触后，用专用撬杠对浮箱进行人工微调；两浮箱体穿销孔完全对齐后插入连接钢销。根据受力多工况分析，对受力较集中的部位增焊钢板加强。第一组浮箱组装完成后，随即将该组上的设备（包括绞缆机、发电机、台车轨道）组装到浮箱上。

将已组装完成的第一组5个浮箱外推，留出第二组4个浮箱组装的空间后固定。按第一组浮箱组装的方式顺次组装第二组4个浮箱和第三组5个浮箱。

平台拼装完成后，再安装配置运输叠梁门的台车和轨道系统、吊装叠梁门的门机系统、平台锚定的海军锚、锚链、绞缆机系统、发电系统以及栏杆等（见图3）。

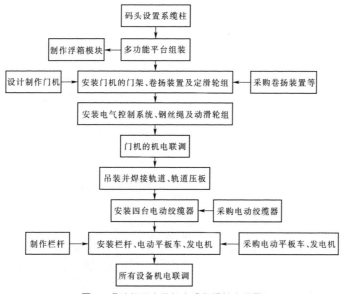

图3　多功能平台及机电设备组装流程图

6 结语

塔贝拉库区深水下闸作业，因地制宜，巧妙采用浮箱模块拼装成多功能水上作业平台，其运输能力、起吊能力、起吊状态控制能力、锚固能力、快速定位能力、技术供应能力等多种功能均满足设计要求，很好地解决了塔贝拉库区吊装施工平台难题。该平台设备具有轻便、可重复利用、设备造价低、经济性和实用性较强的优点，为类似工程施工提供借鉴经验。

高速铁路路基过渡段施工技术

陈希刚　张宝堂　刘福高/中国电建市政建设集团有限公司

【摘　要】　本文主要讲述了铁路路基过渡段的施工方法，以指导工程施工。过渡段是路基与结构物等衔接时需特殊处理的地段，是路基不均匀沉降控制的关键。

【关键词】　松铺系数　压实系数　压实遍数　级配碎石

1　工程概况

新建贵州至广州铁路起讫里程为 DK746＋759.4～DK763＋574，正线全长 16.328km。沿线广泛分布软土、松软土等。路桥、路涵、连接处设置级配碎石过渡段，结合多年的路基填筑施工经验，以采取不利因素最大的、不均匀沉降最难控制的、具有代表性的一段为试验段的原则，选取 DK757＋397～DK757＋417 路桥过渡段进行级配碎石填筑方案。

2　施工人员及机械设备

（1）试验段人员配置。试验段施工现场设施工总责1名，技术负责1名，技术员2名，质检工程师1名，测量人员4名，试验人员2名，作业人员15名。

（2）主要施工机械有挖掘机、装载机、振动压路机、洒水车、推土机、拌和站、冲击夯等。

（3）主要试验仪器有全站仪、水准仪、K_{30}平板载荷仪、动态变形模量（E_{vd}）等。

3　试验段施工工艺

3.1　施工工艺流程

路基过渡段级配碎石填筑采用分层填筑施工，施工前对路基中心线、路基边线等进行测量放样，并用木桩或白灰标出。过渡段施工工艺流程详见图1。

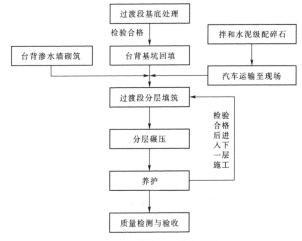

图1　过渡段施工工艺流程图

卸料区按照自卸车的容量，采用白灰施画施工网格，由专人指挥卸料。填料采用推土机摊铺、粗平，局部凹坑和边角地区采用人工修整，以保证压路机碾压轮表面能基本均匀接触层面进行碾压，达到最佳的碾压效果。

3.2　基底处理

根据设计图纸先对过渡段路堤范围内进行清表整平，用小型人工夯碾压密实后使地基系数 $K_{30} \geqslant 60\mathrm{MPa/m}$。

3.3　测量工作

根据设计院的提供的测量资料进行施工复测，加密水准点，施工前测量路基横断面，施工前对路基中心线、路基边线等进行测量放样，放样时填筑边线考虑超宽 50cm，并用木桩和白灰标出。

3.4 取土场选择和室内试验

试验段级配碎石，取自大旺恒运石料厂生产的碎石，经试验确定：最佳含水量 6.4%，最大干密度 2.23g/cm³。

3.5 卸料控制

填筑前，首先对线路中桩和填筑边线进行测量放样，每 10m 钉出边线桩，为保证路基边缘的压实度，填筑边线比设计边线每边宽出 50cm，填土区按自卸汽车方量和松铺厚度计算，根据运输车辆的装载量和松铺厚度，在测量放出填筑边线后，采用白灰施画施工方格网，结合梯形台柱进行松铺厚度的控制。

3.6 摊铺整平

摊铺时根据每隔 10m 设置的边桩，利用边桩进行填筑边线控制，松铺厚度利用边线及中线的高度控制桩和梯形台柱进行控制，先用推土机初平，并逐步形成横向坡度，局部凹坑和边角地区采用人工修整、整形后，用铁锹挖坑检查填料的松铺厚度。

3.7 填料的碾压遍数及松铺系数确定

3.7.1 碾压、检测

碾压前通过试验确定填料的最佳含水率、最大干密度、颗粒密度，碾压采用 20t 振动压路机，按照先路基两侧后中间的顺序进行，压路机的最大时速不超过 2km/h，各区段交接处互相重叠压实，纵向搭接长度不小于 2m，上下两层填筑接头错开不小于 3m，相邻两行碾压轮迹重叠不小于 40cm，两边超宽部分一并进行压实。大型压路机碾压不到的部位及在台后 2.0m 的范围内采用小型振动夯进行人工夯实。碾压试验结果如下：

（1）台后 2.0m 范围内。

1）第一层（松铺厚度 17cm）。采用小型振动夯进行人工夯实 3 遍，开始检测，孔隙率 n 平均为 27.4%，含水率为 6.3%，部分孔隙率不符合要求，第 4 遍完成后，孔隙率 n 平均为 22.3%，含水率为 6.1%，符合规范要求。

压实遍数为人工夯实 4 遍。

2）第二层（松铺厚度 17cm）。采用小型振动夯进行人工夯实 3 遍，孔隙率 n 平均为 26.1%，动态变形模量 E_{vd} 平均为 47.8MPa，含水率为 6.3%，部分孔隙率 n 及动态变形模量 E_{vd} 不符合要求，第 4 遍完成后，孔隙率 n 平均为 23.7%，动态变形模量 E_{vd} 平均为 59.3MPa，含水率为 6.0%，符合规范要求。

压实遍数为人工夯实 4 遍。

3）第三层（松铺厚度 17cm）。采用小型振动夯进行人工夯实 3 遍，开始检测，孔隙率 n 平均为 27.2%，含水率为 6.6%，部分孔隙率不符合要求，第 4 遍完成后，孔隙率 n 平均为 24.3%，含水率为 6.2%，符合规范要求。

压实遍数为人工夯实 4 遍。

4）第四层（松铺厚度 17cm）。采用小型振动夯进行人工夯实 3 遍，孔隙率 n 平均为 21.7%，动态变形模量 E_{vd} 平均为 49.1MPa，地基系数 K_{30} 平均为 148MPa/m，含水率为 6.4%，部分动态变形模量 E_{vd} 及地基系数 K_{30} 不符合要求，第 4 遍完成后，孔隙率 n 平均为 20.6%，动态变形模量 E_{vd} 平均为 56.5MPa，地基系数 K_{30} 平均为 160MPa/m，含水率为 6.4%，符合规范要求。

压实遍数为人工夯实 4 遍。

（2）台后 2.0m 范围外。

1）第一层（松铺厚度 29cm）。先进行静压 1 遍、弱振 1 遍，然后再强振 2 遍完成后，开始检测，孔隙率 n 平均为 25.3%，动态变形模量 E_{vd} 平均为 49.8MPa，含水率为 6.3%，部分孔隙率 n 及动态变形模量 E_{vd} 不符合要求，第 3 遍强振完成后，孔隙率 n 平均为 21.5%，动态变形模量 E_{vd} 平均为 54.2MPa，含水率为 6.2%，符合规范要求，第 6 遍静压收面。

压实遍数组合为静压 1 遍，弱振 1 遍，强振 3 遍，静压 1 遍。

2）第二层（松铺厚度 31cm）。先进行静压 1 遍、弱振 2 遍，然后再强振 2 遍完成后，开始检测，孔隙率 n 平均为 24.6%，动态变形模量 E_{vd} 平均为 51.5MPa，地基系数 K_{30} 平均为 152 MPa/m，含水率为 6.1%，部分孔隙率 n、动态变形模量 E_{vd} 及地基系数 K_{30} 不符合要求，第 3 遍强振完成后，孔隙率 n 平均为 23.1%，动态变形模量 E_{vd} 平均为 55.6MPa，地基系数 K_{30} 平均为 162 MPa/m，含水率为 6.3%，符合规范要求，第 7 遍静压收面。

压实遍数组合为静压 1 遍，弱振 2 遍，强振 3 遍，静压 1 遍。

3）第三层（松铺厚度 33cm）。先进行静压 1 遍、弱振 2 遍，然后再强振 2 遍完成后，开始检测，孔隙率 n 平均为 22.7%，动态变形模量 E_{vd} 平均为 48.7MPa，地基系数 K_{30} 平均为 147MPa/m，含水率为 6.2%，部分动态变形模量 E_{vd} 及地基系数 K_{30} 不符合要求，第 3 遍强振完成后，孔隙率 n 平均为 21.6%，动态变形模量 E_{vd} 平均为 56MPa，地基系数 K_{30} 平均为 158MPa/m，含水率为 6.3%，符合规范要求，第 7 遍静压收面。

压实遍数组合为静压 1 遍，弱振 2 遍，强振 3 遍，静压 1 遍。

3.7.2 松铺系数确定

摊铺时利用梯形台柱对松铺厚度进行控制，摊铺后由监理现场进行见证，采用铁锹挖坑的方式量测松铺厚度，碾压完成后，在原土面定点挖坑，测量压实厚度，同时利用测量仪器检查压实后的填筑高程，对压实厚度进行校核。根据松铺厚度和压实厚度计算出填料的松铺系数。

（1）台后 2.0m 范围内级配碎石，平均松铺系数为 1.13。

（2）台后 2.0m 范围外级配碎石，平均松铺系数为 1.11。

（3）最优含水量控制。级配碎石拌和料用级配碎石拌和设备在拌和站集中进行拌制，拌和料拌制均匀，按设计配合比在级配碎石拌和站内拌制级配碎石混合料，含水量通过计算加以控制，以每天填筑用料为一验收批

次进行级配和含水量检测，并根据施工时的天气进行调整，确保碾压前含水量达到最佳含水量或稍高于最佳含水量的 0.5%～1%。

3.8 级配碎石的技术指标及验收标准

3.8.1 级配碎石的技术指标

过渡段级配碎石符合下列规定：

（1）碎石颗粒针状和片状碎石含量不大于 20%。

（2）质软和易破碎的碎石含量不超过 10%。

（3）过渡段用级配碎石的级配范围符合表 1 的规定。

表 1　　　　　过渡段用级配碎石的级配范围

级配编号	各筛孔孔径通过百分数/%									
	50mm	40mm	30mm	25mm	20mm	10mm	5mm	2.5mm	0.5mm	0.025mm
1	100	95～100	—	—	60～90	—	10～65	20～50	10～30	2～10
2	—	100	95～100	—	60～90	—	10～65	20～50	10～30	2～10
3	—	—	100	95～100	50～80	30～65	20～50	10～30	2～10

3.8.2 级配碎石的验收标准

（1）每工班料场抽样检验 1 次颗粒级配、针状和片状碎石含量、质软和易破碎的碎石含量，监理单位按施工单位检验数量的 10% 平行检验。料场抽样按 TB 10102—2010《铁路工程土工试验规程》规定的方法试验（下同）。

（2）级配碎石出场前进行最大干密度试验，每 500m³ 检验 1 次。

（3）过渡段级配碎石中水泥掺加量允许误差为试验配合比的 ±1.0%。每工班检验 2 次，采用滴定法或仪器法检验。

4　沉降观测元件

4.1　单点沉降计及边桩埋设

地基处理检测合格后，按设计要求分别在 DK757＋398、DK757＋407 及 DK757＋427 线路中心上布设监测断面，埋设单点沉降计，路堤坡脚外 2m 埋设边桩，单点沉降计底部锚头均入岩 50cm，观测电缆经挖槽后引至路堤左边坡脚外 2m，观测头用混凝土砌筑观测箱进行保护。路基填筑过程中，及时进行沉降观测，保证在观测过程中实时监控。

（1）钻孔。在线路的中心处测点位置，测量放样后进行钻孔，孔径108mm，钻孔至入岩500mm。

（2）探孔。首先用等径接头连接好锚头与测杆，将接好锚头的测杆缓慢放入已钻好的钻孔内（锚头朝下，测杆朝上）。用等径接头加长测杆，直至锚头下放到

孔底。

（3）安装沉降计。沉降盘安装在地基基础面以下 10～20cm，确定好所需测杆后，将锚头、测杆与沉降主体连接好，安装至孔内，锚头与基岩直接接触。

（4）注浆。将注浆管直插到孔底，通过注浆管，利用灌浆泵进行注浆。

（5）安装法兰沉降盘。在注浆后，拉伸沉降计主体至满量程，用沉降计的包装泡膜封住孔口，在沉降计安装孔上部挖一个 φ400mm 的孔，取出堵孔的泡膜，安装好法兰沉降盘，并用测试仪对单点沉降计进行测试，确保单点沉降计初装位移值在 170～180mm 之间。

（6）装好单点沉降计后，将传输电缆套上 φ20mmPVC 钢丝波纹管进行保护，挖设布线槽，将观测电缆引出路基外 2m 至混凝土砌筑观测箱，并注意使钢丝波纹管及导线适当松弛。观测箱净尺寸：30cm×30cm。

（7）灌砂。单点沉降计安装好，待水泥浆沉淀 2h 后，往孔内灌砂回填，以防止安装孔塌孔而影响测试数据。灌砂时应缓慢灌注，以防堵孔，灌砂至法兰沉降盘以下 10cm 处，用竹竿或钢管将沙稍微夯实，再用混凝土填实至法兰沉降盘，法兰沉降盘上部用中粗沙回填至地基面。

4.2　沉降板埋设

在 DK757＋407.63 处设置 B－2 型监测断面，埋设沉降板。沉降板埋在褥垫层顶部并嵌入其内10cm，底部找平，保持测杆铅垂，用填料回填密实，测杆外部套保护套管，保护套管应略低于测杆。上口加盖封住管

口，随着路基填筑施工逐渐接高沉降板测杆和保护套管。

4.3 沉降观测数值

高速铁路路基过渡段施工完成后，最大累计沉降量为 5.8mm，沉降量不大于 10mm，具体观测数值见表2，填筑完成 84d 后，路基沉降量趋于稳定，满足规范设计要求。

表2　　　　沉降观测数值　　　　单位：mm

观测时间 \ 观测位置	DK757+398	DK757+407	DK757+427
第 1 天	0	0	0
第 7 天	1.2	1.3	0.9
第 14 天	2.1	2.2	1.8
第 28 天	2.9	3.0	2.6
第 35 天	3.6	3.7	3.3
第 42 天	4.2	4.3	3.9
第 49 天	4.7	4.8	4.4
第 56 天	5.1	5.2	4.8
第 63 天	5.4	5.5	5.1
第 70 天	5.6	5.7	5.3
第 77 天	5.7	5.8	5.4
第 84 天	5.7	5.8	5.4
第 91 天	5.7	5.8	5.4

5　试验数据分析

根据 TB 10751—2010《高速铁路路基工程施工质量验收标准》的要求，每压实层抽样检验孔隙率 n 各 3 点，其中距路基两侧填筑级配碎石边线 1m 处左、右各 1 点，路基中部 1 点；每填高约 30cm 抽样检验动态变形模量 E_{vd} 3 点，其中 1 点必须靠近桥台或横向结构物边缘处；每填高约 60cm 抽样检验地基系数 K_{30} 2 点，其中距路基两侧填筑级配碎石边线 2m 处 1 点，路基中部 1 点。

5.1　台后 2m 范围内级配碎石

第四层松铺 17cm 时，碾压至第 3 遍，部分不能满足过渡段级配碎石填层压实标准要求；碾压至第 4 遍，满足过渡段级配碎石填层压实标准要求。

根据试验记录得出台后 2.0m 范围内级配碎石压实的结论后，抽出其中最不利的一组数据统计分析，得出碾压遍数与孔隙率 n 值、地基系数 K_{30} 值及动态变形模量 E_{vd} 的变化关系，可知地基系数 K_{30} 及动态变形模量 E_{vd} 的参数随碾压遍数的增加而增大；孔隙率 n 值的参数随碾压遍数的增加而减小。只有在第 4 遍时，孔隙率 n 值、E_{vd} 及 K_{30} 满足规范要求，所以可判定该层碾压遍数为第 4 遍，填层压实质量可满足规范要求。

5.2　台后 2.0m 范围外

第三层松铺 33cm 时，碾压至第 5 遍部分试验数据不能满足过渡段级配碎石填层压实标准要求；碾压至第 6 遍满足过渡段级配碎石填层压实标准要求

根据试验记录得出台后 2.0m 范围外级配碎石第三层压实的结论后，抽出其中最不利的一组数据统计分析，得出碾压遍数与孔隙率 n 值、地基系数 K_{30} 值及动态变形模量 E_{vd} 的变化关系，可知地基系数 K_{30} 及动态变形模量 E_{vd} 的参数随碾压遍数的增加而增大；孔隙率 n 值的参数随碾压遍数的增加而减小。只有在第 6 遍时，孔隙率 n 值、E_{vd} 及 K_{30} 满足规范要求，所以可判定该层碾压遍数为第 6 遍，即强振 3 遍时，填层压实质量可满足规范要求。

6　试验结论

从试验段施工及检测结果可以确定：台后 2.0m 范围内采用小型振动夯时，碾压 4 遍，填料松铺系数 1.13，松铺厚度 17cm；台后 2.0m 范围外采用 20t 压路机碾压 7 遍（静压 1 遍，弱振 2 遍，强振 3 遍，再静压 1 遍收面），压路机行走速度控制在 3~4km/h，填料松铺系数 1.10，松铺厚度 33cm，填料的含水率 6.0~6.4%，最大干密度为 2.23g/cm³，填料的颗粒密度为 2.63g/cm³，填料各项压实指标全部合格，回填满足设计要求。

高速铁路湿陷性黄土隧道下穿高速公路施工技术

王吉成/中国水利水电第七工程局有限公司

【摘 要】 本文以京张高速铁路草帽山隧道下穿张承高速公路为例，详细地介绍了高速铁路湿陷性黄土隧道下穿高速公路的开挖方案、隧道支护、监测的施工技术，从而减小施工沉降、降低施工风险，为粉砂、粉土地层、湿陷性黄土隧道穿越高速公路制定施工方案提供借鉴。

【关键词】 京张高铁 草帽山隧道 湿陷性黄土 下穿 高速公路 工艺 监测

1 工程概述

1.1 概述

近年来，随着国家基础设施投入力度的不断加强、高速铁路建设及高速铁路的飞速发展和工程设计技术的发展，高速铁路在铁路工程中的比例越来越大，同时隧道建设的地质条件也越来越复杂。当隧道穿过第四系上更新统洪坡积层、硬塑且局部具自重湿陷性的新黄土、拱顶粉砂地层、隧道埋深浅或岩体自稳能力差时，造成初期支护沉降量大，施工安全风险大，施工速度缓慢。为了解决这一难题，本文以京张高铁草帽山隧道下穿张承高速公路为例，详细地介绍了草帽山隧道下穿施工方案、施工操作方法及监测控制要点等方面的情况，从而达到了在确保安全质量的前提下隧道的快速施工。

1.2 工程简介

草帽山隧道全长7340m，隧道位于低山丘陵区，线路走向大体与草帽山山体走向平行。隧道下穿张承高速公路DK175+660～DK175+770段地质为：硬塑，局部具自重湿陷性新黄土；稍湿至潮湿的细沙；粉质黏土、细角砾土，呈透镜体或夹层分布，隧道围岩类别为Ⅴ级加强。

草帽山隧道下穿张承高速公路左右幅及中间隔离带。左右幅宽各为12.5m，中间隔离带宽为25m，公路与隧道交叉角度约为75°，路面至隧道顶距离为24.28～24.43m（见图1）。

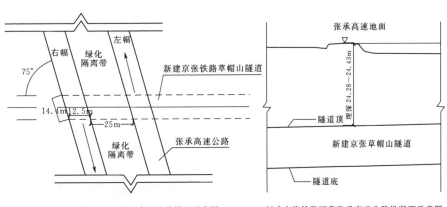

新建京张铁路下穿张承高速公路平面示意图　　新建京张铁路下穿张承高速公路纵断面示意图

图1 草帽山隧道与张承高速公路方位图

2 下穿段隧道施工技术

2.1 施工总体方案

结合现场实际情况、前期施工经验及地质情况，洞内拱墙外部140°范围内设置外径为108mm的超前大管棚结合超前小导管联合支护，掌子面采用局部加固，且掌子面开挖顶拱初支预埋灌浆管，中台阶开挖前进行顶拱初支注浆；洞身采用上、中、下三台阶分步开挖法，上台阶预留核心土；中台阶采用左右不对称跳挖且施做临时仰拱法施工。遵循"人工配合机械开挖、少扰动、短进尺、快循环、强支护、紧封闭、勤量测"的施工原则，在监控量测数据的指导下实施隧道的开挖与支护工作，做到仰拱及时封闭成环，二次衬砌施作紧跟。

2.2 超前地质预报结果

根据地质雷达在此段有明显异常反射波，雷达波频率变低，局部存在错断，推断该段仍以新黄土、粉土、粉质黏土为主，夹砂类土薄层或透镜体，围岩整体性差，易塌方。建议及时支护，加强监控量测。

2.3 超前支护施工

2.3.1 拱部超前长管棚支护

超前支护分为顶拱140°范围内，采用外径108mm、壁厚6mm的热轧无缝钢管，管壁打孔，布孔采用梅花形，孔径为6mm，孔间距为7cm，钢花管尾留150cm不钻孔的止浆段。每环长为24m，每环搭接长度3m，环向间距为30cm，钢管轴线与衬砌外缘夹角不大于12°，径向误差不大于20cm，环向误差不大于10cm，洞内管棚安装在采用扩挖后的I22a钢架上，在钢架腹部钻孔作为导向，相邻钢管的接头前后错开。

一般按编号，偶数第一节用3m，奇数第一节用6m，以后各节用均用6m。同一横断面内的接头数不大于50%，相邻钢管接头至少错开1m，管棚采用丝扣连接，外车丝扣长500mm，连接钢管采用长1000mm的内车丝扣。

管棚注浆采用水泥注浆，水泥浆水灰比为1∶1（重量比），注浆压力为0.5～2.0MPa。

2.3.2 拱部超前小导管

隧道顶拱110°范围采用外径42mm壁厚4mm的热轧无缝钢管与钢架联合使用，并将小导管环向间距加密至20cm，外插角为10°～15°；纵向间距调整为每2榀钢架搭接1环小导管，每根导管长度为3m。

2.3.3 掌子面局部加固

掌子面局部采用φ25玻璃纤维锚杆和厚10cm的C25喷射混凝土全断面封闭加固（见图2）。φ25玻璃纤维锚杆沿洞身方向水平交错布置，每根长L=2m，间距

1.5m；上台阶掌子面每循环开挖进尺为1榀钢拱架，每榀钢拱架间距0.8m，开挖后立即进行掌子面加固。掌子面封闭范围为沿隧道初期支护外轮廓线再向外扩50cm。

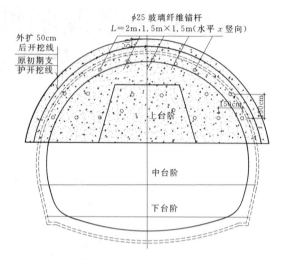

图2 掌子面局部加固断面图

2.4 隧道洞身开挖施工

洞身采用三台阶且中台阶施做临时仰拱法，及上台阶预留核心土、中台阶临时仰拱、掌子面局部加固施工（见图3）。由于隧道为湿陷性黄土隧洞，因此采用人工配合挖掘机开挖施工，挖掘机配合装载机装渣，自卸车运输至弃渣场。为控制隧道施工初期支护沉降变形过大，针对性的采取以下措施：上台阶每次开挖不超过1榀（每榀钢架90cm）钢架间距，中台阶和下台阶每次开挖不超过2榀钢架间距，仰拱每次开挖不超过3榀钢架间距，每个台阶同时只能开挖一个部位，中台阶和下台阶两侧开挖错开5榀以上钢架间距，严禁中台阶和下台阶同时开挖。

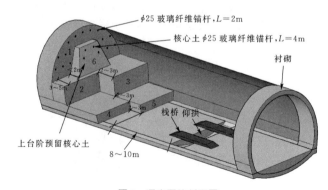

图3 洞身开挖断面图

第一步：上台阶预留核心土开挖及支护，在拱部超前支护后及掌子面局部加固后进行，环向开挖上部弧形导坑，预留核心土，核心土长度为3～5m。在预留核心土后部架立钢架和I18临时钢架，采用C25喷射混凝土喷护临时仰拱（见图4）。

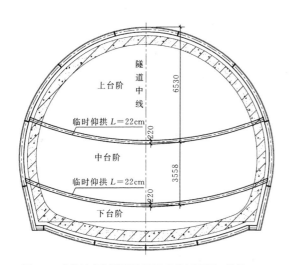

图 4 三台阶法临时仰拱施工工序横断面图 单位：cm

第二步：中台阶、下台阶单侧不对称跳挖，严禁同时开挖同一台阶左右两侧，最大不得超过 1.8m，左、右台阶错开 3m 以上。

第三步：仰拱开挖支护，仰拱开挖之前必须完成钢架锁脚施工，仰拱开挖每循环进尺不大于 3m。

第四步：核心土开挖，开挖上台阶所预留的核心土，开挖进尺与上台阶循环进尺相一致。

第五步：仰拱及仰拱填充分层浇筑，浇筑仰拱衬砌 C35 混凝土，当混凝土达到终凝后，再进行仰拱填充 C20 混凝土浇筑。仰拱及填充分层整体浇筑，一次成型。

2.5 隧道初期支护施工

初期支护采用型钢钢架、系统锚杆、钢筋网及喷射混凝土组成。型钢钢架在加工厂按照设计尺寸进行冷弯加工，汽车运输至工作面，机械配合人工立架。气腿钻打设超前小导管、锁脚锚管。喷射混凝土采用大型机械湿喷作业。钢架加工时在锁脚锚管位置焊接长×宽×厚为 30cm×20cm×1.6cm 钢板，钢板对称钻直径为 60mm 的孔，方便锁脚锚管穿入。

2.5.1 初期支护施工工序

开挖后及时进行初喷混凝土封闭掌子面→施作钢架→超前支护→搭设锚杆→铺设钢筋网→复喷混凝土。

2.5.2 初期支护施工参数

在顶拱 110° 范围采用 $\phi42mm$ 超前小导管进行超前支护，小导管每环设置 71 根，环向间距为 20cm，纵向每榀钢架设置一环超前小导管。超前小导管内采用 1:1（重量比）水泥浆注浆。临时仰拱支护钢架采用 I18 型钢钢架，每 2 榀初支钢架设置 1 处。初期支护采用 C30 喷射混凝土，厚度为 28cm，喷混凝土采用湿喷工艺。边墙采用 $\phi22$ 砂浆锚杆，每根长度 4m，间距（环×纵）1.2m×1.0m。掌子面局部加固采用 C25 喷混凝土封闭和 $\phi25$ 玻璃纤维锚杆，喷混凝土厚 10cm，$\phi25$ 玻璃纤维锚杆沿洞身方向水平设置，每根长度 $L=2m$，间距

1.5m，交错布置。掌子面局部加固每 2 榀钢架间距进行一次掌子面加固。钢筋网采用 $\phi8$ 的圆钢制作，网格间排距 20cm×20cm。采用 I22a 钢架支护，钢架间距 0.9m。钢架之间采用 $\phi20$ 纵向连接筋连接，连接筋内外侧环向间距均为 1m，交错布置；钢架拱脚 80cm 处，纵向采用宽 20cm、厚 16mm 的钢板与钢架搭接处全部采用焊接；每处钢架拱脚通长下垫 [32b 槽钢；锁脚锚管与钢架连接采用钢板钻孔（钢板 30cm×20cm×1.6cm）代替锁脚锚管与钢架"U"形连接钢筋，锁脚连接钢板在加工厂焊接完成，确保焊接质量；各台阶两侧拱脚锁脚锚管采用 6 根 $\phi42mm$ 无缝钢管，$L=4.5m$。

2.6 初支背后顶拱注浆

初支喷护时，在顶拱正顶处每隔 2m 预埋一根 $\phi42mm$ 的钢管，埋设深度大于初支厚度 2~3cm，中台阶开挖前，对初支进行 1:1.5~1:2 的水泥浆注浆，预防初期支护与开挖断面之间下沉造成高速公路路面以下出现脱空。

3 监控量测

隧道开挖后，土体向洞身方向的变形位移量是围岩是否稳定的判断依据，最能反映出围岩或支护的稳定性，浅埋砂层隧道开挖后，会有明显的下沉，因此地表的观察和地表的沉降监测显得尤为重要。浅埋砂层隧道监控量测项目包括洞内外观察、地表沉降和洞内监控量测。

3.1 地表变形监测

结合现场实际地形情况，在地表沿隧道线路方向与公路相交处布置观测点，横向每 2.5m 布置一个断面（与洞内测点相对应，便于对监测数据进行分析）每个断面布设 21 个观测点，以线路中心为对称点（见图 5）。沉降速率不小于 5mm/d 时量测频率不少于 4 次/d、沉降速率不大于 5mm/d 时量测频率不少于 2 次/d。地表沉降观测点在开挖之前开始观测，可以获得开挖全过程的沉降值。

3.2 洞内净空位移监测

采用全站仪无尺量测方法，对拱顶下沉和水平收敛进行量测，洞内按照 5m 的间距设置量测断面，沉降速率不小于 5mm/d 时量测频率不少于 2 次/d、沉降速率不小于 5mm/d 时量测频率不少于 1 次/d。主要检测隧道拱顶下沉，拱腰、边墙处的收敛变形（见图 6）。在拱顶处布置下沉测点，在拱腰设置水平收敛的上部测点，监控上台阶开挖后变形规律；下台阶拱脚处（不低于仰拱纵向施工缝）布置下部测点，监控下台阶开挖变形。测点均钻孔埋入初期支护背后砂土内，外露 5cm 左右，焊接小块钢板，钢板上粘贴带十字丝测量反光片，每组收敛点均位于同一里程、同一水平线上。沉降观测初始读数应在开挖后 3~6h 内完成。

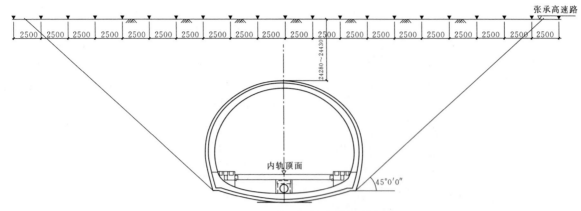

图5 隧道地表沉降监测点埋设示意图（单位：mm）

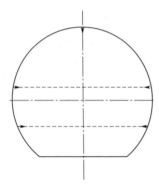

图6 拱顶下沉量测和净空变化量测的测线布置示意图

3.3 量测结果分析

现场量测数据及时整理核对，并应进行数据处理回归分析。该湿陷性黄土、粉砂、粉土地层隧道开挖后只有沉降变形，没有收敛变形。增加施工措施后，洞内典型断面统计（见图7、图8），累计拱顶沉降最大值由原来的120mm，减小到51.5mm，无水平收敛。沉降变形得到了有效的控制，证明该措施方案是可行的。

草帽山隧道斜井小里程方向DK175+744断面监测数据记录表

断面桩号	量测日期	拱顶数据/m	拱顶沉降速率(mm/d)	拱顶累计沉降/mm	备注
DK175+744	2017/9/21	689.9927	1.7	88.0	
DK175+744	2017/9/22	689.9900	2.7	90.7	
DK175+744	2017/9/23	689.9889	1.1	91.8	
DK175+744	2017/9/24	689.9878	1.1	92.9	
DK175+744	2017/9/25	689.9854	2.4	95.3	
DK175+744	2017/9/26	689.9833	2.1	97.4	
DK175+744	2017/9/27	689.9829	0.4	97.8	
DK175+744	2017/9/28	689.9804	2.5	100.3	
DK175+744	2017/9/29	689.9791	1.3	101.6	
DK175+744	2017/9/30	689.9777	1.4	103.0	
DK175+744	2017/10/1	689.9777	0.0	103.0	
DK175+744	2017/10/2	689.9755	2.2	105.2	
DK175+744	2017/10/3	689.9726	2.9	108.1	
DK175+744	2017/10/4	689.9719	0.7	108.8	
DK175+744	2017/10/5	689.9717	0.2	109.0	
DK175+744	2017/10/6	689.9701	1.6	110.6	
DK175+744	2017/10/7	689.9692	0.9	110.8	
DK175+744	2017/10/8	689.9701	-0.2	110.6	
DK175+744	2017/10/9	689.9687	1.4	112.0	
DK175+744	2017/10/10	689.9673	1.4	113.4	
DK175+744	2017/10/11	689.9668	0.5	113.9	

图7 未采取上述技术时洞内典型沉降观测统计表截图一

草帽山隧道斜井小里程方向DK175+692断面监测数据记录表

断面桩号	量测日期	拱顶数据/m	拱顶沉降速率(mm/d)	拱顶累计沉降/mm	备注
DK175+692	2017/11/8	689.9816	5.3	5.3	
DK175+692	2017/11/9	689.9783	3.3	8.6	
DK175+692	2017/11/10	689.9726	5.7	14.3	
DK175+692	2017/11/11	689.9678	4.8	19.1	
DK175+692	2017/11/12	689.9653	2.5	21.6	
DK175+692	2017/11/13	689.9619	3.4	25.0	
DK175+692	2017/11/14	689.9577	4.2	29.2	
DK175+692	2017/11/15	689.9540	3.7	32.9	
DK175+692	2017/11/16	689.9496	4.4	37.3	
DK175+692	2017/11/17	689.9477	1.9	39.2	
DK175+692	2017/11/18	689.9452	2.5	41.7	
DK175+692	2017/11/19	689.9414	3.8	45.5	
DK175+692	2017/11/20	689.9402	1.2	46.7	
DK175+692	2017/11/21	689.9390	1.2	47.9	
DK175+692	2017/11/22	689.9354	3.6	51.5	
DK175+692	2017/11/23	689.9354	0.0	51.5	

图8 采取上述技术后洞内典型沉降观测统计表截图二

4 结语

由于隧道开挖扰动的影响，围岩中的原始应力平衡状态被破坏，应力产生重新分布，岩体的受力状态改变，致使岩体的强度降低，承载能力下降。当二次应力值大于岩体强度时，岩体发生塑性变形，形成围岩松动圈，隧道发生内空收敛变形。浅埋砂层隧道由于上覆地层较薄，开挖引起的变形极容易诱发地表下沉和围岩大变形；又由于砂层的物理力学稳定性较差，开挖后围岩自身难以形成支撑环来维持洞室稳定，若施工方法和支护加固措施选取不合理，易造成隧道围岩变形过大，引起围岩坍塌破坏，甚至冒顶。

通过密排超前支护、掌子面局部加固、预留核心土、仰拱及时跟进封闭成环，形成拱力的创新施工方法，解决了高速铁路湿陷性黄土隧道穿越高速公路沉降量大、浅埋隧道开挖支护困难、变形大且难以控制的问题，达到了在确保安全质量的前提下隧道快速施工的目的。

浅谈格构柱和钢管柱桩技术在超高层建筑逆作法施工中的应用

齐　辉/中国水利水电第十三工程局有限公司

【摘　要】本文以南国中心二期工程格构柱、钢管柱桩施工为例，重点从格构柱和钢管柱制作、现场吊装、定位控制、混凝土浇筑等工序详细介绍了格构柱、钢管柱桩在逆作法工程施工中的施工技术、质量控制要点及预防措施，为今后类似工程施工提供了参考。

【关键词】逆作法　格构柱　钢管桩　制作　安装　定位　混凝土填充

南国中心二期工程地下室采用逆作法施工，逆作区竖向支撑采用钻孔灌注桩＋钢管混凝土柱（格构柱），钢管混凝土柱（格构柱）伸入桩内 3m，钢管材质为 Q345B，格构柱角钢及缀板材料为 Q345B 级钢。钢管外径为 508mm，壁厚 16mm，钢管柱在各楼层板相交处焊接 4 道 32mm×40mm 的抗剪环，钢管柱与筏板相交处及钢管柱插入桩内部分四周焊接直径 19mm 的抗剪栓钉。钢管柱管内浇筑 C50 高强无收缩混凝土。本文主要就钢管混凝土柱（格构柱）与桩基础施工时的工序进行研究。

1 特点分析

（1）钢管柱、格构柱吊装精度要求高，施工工艺复杂，穿插工序较多。

（2）钢管柱、格构柱上有较多焊接件，焊接件定位要求高，焊接质量要求高。

（3）钢管柱、格构柱定位以及垂直度要求较高。

（4）钢管柱露出桩外部分钢管内灌注 C50 高强度水下混凝土，而钢管柱外无混凝土，如何使用导管法进行钢管柱内混凝土浇筑而使柱外混凝土不再上升，是施工的控制要点。

2 施工方案

钢管柱、格构柱桩施工工艺如图 1 所示。

2.1 调垂架的制作

本工程钢管柱为永久性钢管柱，垂直度允许偏差为 1/600，格构柱为临时支撑，垂直度允许偏差为 1/200，

均必须采用调垂装置来调节垂直度。

加工厂制作 2.05m×2.35m×3.5m 的井字形钢管调垂架，上下调整平台外框及外竖框均采用 L160×16 角钢焊接，上下调整平台内框用两块 [16 槽钢相对拼焊，并在四边中心引一直径 36mm 的圆孔；顶层平台为灌浆平台（钢管措施管为 3.5m，可以在灌浆平台上放置枕木或者槽钢，然后上面放置井架及大漏斗，浇筑时采用泵车浇筑，保证浇筑时导管不碰钢管柱），其内外框架均为 L125×12.5 角钢焊接，在顶层平台上加焊一个防护栏。将钢管调垂架吊放于孔口，经测量放线后与孔口硬地坪固定。调垂架的精度（垂直度及平整度）保证在 5mm 以内。调垂架固定采用长 18mm 直径 18mm 的锚固螺栓将脚板（400mm×600mm）及地面固定，若地面不平采用垫 3mm 和 12mm 钢板来保证其平整度。上下两层紧固螺栓间距 2.2m，每层 4 个间隔 90°对中布置，保证上下两层每个螺栓在一条线上面且对中并在调垂架中间，螺栓采用 28mm 粗，丝长 600mm，下层螺栓距离地面 700mm，上层螺栓距离灌注平台 600mm。上下两层紧固螺栓之间设置平台，方便施工操作。调垂架示意图、调垂架实物图如图 2、图 3 所示。

2.2 钢管柱的制作

钢管采用 Q345B 型 1010 钢板卷成，由 508﹡16 一种型号组成。采用二氧化碳气体保护焊，焊丝为 H08A，焊剂为 SJ－301。钢管原材选用武钢钢板，运输至加工厂进行加工成型，钢管由措施管和钢管柱组成，一次成型。然后由 18m 长拖车运输至现场钢管堆放场地放置（位于地连墙钢筋笼加工场地旁边，砌筑 5 个间距 4m 的墩台，满足堆放 10 根钢管）。施工时采用吊车吊

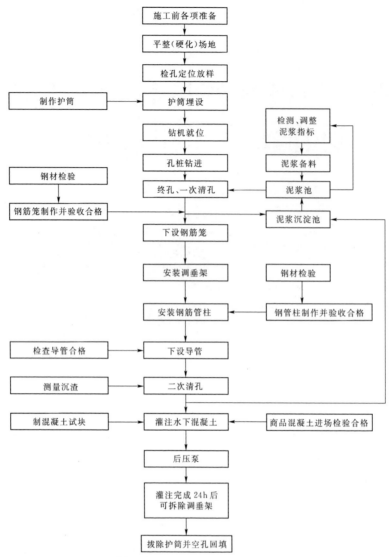

图1 钢管柱、格构柱桩施工工艺图

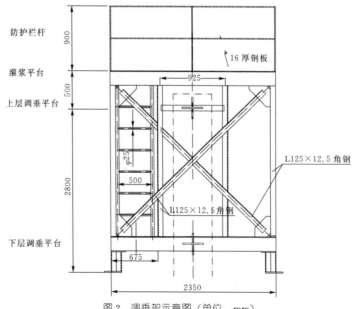

图2 调垂架示意图（单位：mm）

图 3 调垂架实物图

至孔口，由专业安装班组进行吊放安装。

2.3 格构柱的制作

格构柱采用 4L160×16 角钢格构柱。钢材采用 Q345B 钢，焊条规格应与钢材型号匹配并满足规范要求。格构柱垂直度偏差不大于 1/200，中心偏差不大于 20mm，格构柱桩垂直度偏差不大于 1/200，中心偏差不大于 30mm。格构柱按 GB 50205—2001《钢结构工程施工质量验收规范》的规定进行施工、检查和验收。钢构件的定位制作应符合精度要求，使得安装时不会对结构产生过大的应力、绕度及变形。严格按照施工图纸规范进行定位组装，长度要求应符合 GB 50205—2001《钢结构工程施工质量验收规范》。格构柱翻样图如图 4 所示。

图 4 格构柱翻样图

2.4 钢管柱安装、定位

2.4.1 钢管柱安装

（1）钢管桩为永久结构，设计垂直度要求较高（1/600），必须在加工厂一次性成型，确保加工精度。进场后采用吊机吊放至堆放场地，然后采用水平尺进行精度验收，并检查原材等是否符合设计及规范要求。钢管由措施管和钢管柱组成，在措施管距离顶部 100mm 位置设置两个 50mm 圆孔，用于吊装。措施管长度 3.5m，在上面对称均匀布置 4 条垂线，与措施管同长。措施管为重复利用的钢管，起导向及方便施工的作用。钢管柱在桩顶位置向上 500mm 对称设置两个吊耳，钢

管柱由钢管、抗剪环、筋板、托板、栓钉组成。为了浇筑方便钢管柱底部管壁设置成圆弧形。

（2）钢管柱吊装。管柱在距管底 3m 处画出钢管插入钢筋笼内标志红线（标高线，也就是桩顶标高），在钢管顶位置画出标志红线。通过标志线确定排浆孔位置（排浆孔位于桩顶向上 800mm，规格为 250mm×250mm，对称设置两个），割好排浆孔，标志红线至管底范围内的栓钉竖向用 φ8 钢筋连接，以防止栓钉钩钢筋笼（见图 5、图 6）。在桩顶向上 500mm 对称设置两个吊耳（以便钢管与笼子连接不方便时进行软连接）。

图 5 排浆孔位置

图 6 标记柱顶位置

在措施管上部设置吊孔，采用吊车起吊钢管柱，并从吊垂架中间缓缓下放钢管桩，然后根据护筒的中心偏差来定钢管的设计中心位置，直至钢管柱插入桩内 3m；钢管柱整体吊装如图 7 所示。

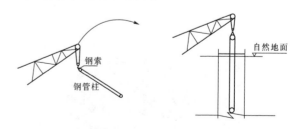

图 7 钢管柱整体吊装

2.4.2 钢管柱定位控制

（1）预先从原桩位 O 点（地面标志线）引出 A 点、B 点，使 OA⊥OB。

（2）成孔后，将钢管调垂架吊放于孔位，对其调平，初步定位，使桩位中心与调垂架中心基本重合。

（3）钢管吊装前，在钢管柱表面上弹出两条与钢管中心线平行的直线（要防止因钢管制作过程造成本身不平整而产生的垂直度误差）作为调垂基准线，两条平行线的端点连接钢管截面中心成直角，为保证平行线"绝对平行"，拟在加工厂预先弹出，并做好保护措施。

（4）将两台经纬仪分别架设在 A、B 两点，分别监测两条基准线是否居中，若不居中，则调动调垂架上下平台上的调节螺栓，直至两条基准线均居中，见图 8 吊装调垂示意图所示。

（5）定位调垂后，用四块槽钢分别在上下平台错位固定，防止浇筑混凝土时导致钢管偏移。

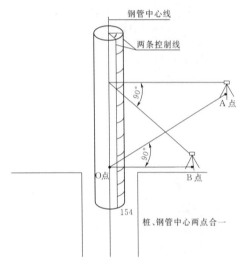

图 8　吊装调垂示意图

根据地面标高计算出柱顶至地面距离，在地面位置画标志红线来控制（误差控制在 5mm）。钢管继续调垂并下放，快下放完毕时，复核地面标志红线，然后将钢管下放到位。钢管上口中心位置和标高偏差控制在 1mm 以内；在钢管柱下放的同时注意连接注浆管及声波管等检测用管道，并设置环箍保护。下放到位后经复核无误，采用调垂平台固定，然后采用 4 根 L160×16 角钢对措施管进行焊接固定。固定后去掉吊车上的钢丝绳及卸扣。固定调垂平台、钢管桩固定如图 9、图 10 所示。

图 9　固定调垂平台

图 10　钢管桩固定

四次对中，首先在入孔时候进行对中测垂，然后进行固定；其次清孔后应再次进行对中测垂；浇筑中应再次进行对中测垂；浇筑后还应进行对中测垂。

2.5　格构柱安装、定位

格构柱安放前，先进行钢筋笼的安放，钢筋笼下放完毕后，采用 50t 吊车立即进行格构柱的下放。下放格构柱，插入钻孔桩设计顶标高以下 3m 位置（或设计要求），格构柱每侧面与两根主筋焊接牢固，焊接采用双面焊，焊缝长度不小于 5 倍钢筋直径，并用定位钢筋将格构柱固定在桩孔中心处。为保证下放过程中钢筋笼不变形，在笼顶第一道加强筋采用两根加强箍筋对笼顶进行加强，然后每隔 1m 对钢筋笼进行加强（两根加强螺旋箍筋及四根 φ28 螺纹钢筋呈井字形布置，连接格构柱及钢筋笼），保证钢筋笼与格构柱连接，然后将格构柱与钢筋笼用吊车整体起吊下放。下放过程中，用全站仪观测控制，使安装后的格构柱上口居于中心，待上下二点垂直后入孔。确保垂直度控制在 1/200 以内，中心偏差不大于 10mm。格构柱顶标高控制及固定：格构柱标高控制，预先用水准仪测定桩孔处校正架顶标高，然后根据插入孔内深度，在格构柱上用红油漆标出柱顶标高位置，当格构柱下放到位时，在格构柱措施节两侧焊接 L160×16 角钢焊接固定在调垂架上，格构柱标高控制为 ±20mm。

2.6　第二次清孔

钢管桩及格构柱安装定位满足要求后，开始进行导管吊装到位，导管从钢管（格构柱）内下放，导管长度应满足孔深及调垂架高度要求。待安放钢筋笼、钢管柱（格构柱）及导管就绪后，采用正循环换浆法清孔，以达到置换沉渣的目的。待孔底泥浆各项技术指标均达到设计要求后，立即进行水下混凝土灌注。

2.7　钢管柱混凝土填充

设计要求桩身混凝土及钢管柱内填充混凝土为 C50

水下无收缩混凝土，而钢管外无混凝土，在保证桩头质量的前提下，不能让钢管柱外的混凝土面随混凝土浇筑量增加而上升。

为了防止柱外混凝土面继续上升，采取在柱四周均匀投掷细石（粒径 1～3cm）来均衡柱内外的压力差，确保高标号混凝土在柱内能连续浇筑，而柱外混凝土面不动（根据实际操作经验，填入 7～8m 左右细石后钢管外混凝土基本不再上浮，可根据实际情况在填入一定量的碎石后慢慢浇筑混凝土）。施工过程中，主要用人工与机械相结合的方式同时对柱四周填细石，防止细石回填不均对柱产生侧压力而使柱体倾斜。技术人员要边填碎石边测量柱体外混凝土面上升的速度，若发现混凝土的灌注速度和柱体外混凝土面上升速度相近时，要加大回填碎石量，若柱体外混凝土面上升速度大大低于混凝土的浇筑速度，相应要减少碎石的回填量，直至柱体外混凝土面不再上升。浇筑速度通过试填充试验确定，且控制在 0.5m/min 以下。继续灌注钢管柱内的高标号混凝土，计算钢管柱内混凝土全部达到 C50 时需要的理论灌注量，当混凝土从柱内的开口处流出，并确定为新鲜混凝土时则可停止灌注。

2.8 控制装置的拆卸

钢管柱（格构柱）垂直度、标高满足设计要求后，开始下导管灌注混凝土，混凝土灌完 12h 进行压水，24h 进行压浆，压浆完成后根据现场实际情况拆除调垂架，完成后对措施管进行切割。

3 技术控制要点

（1）钢管柱作为竖向支撑受力结构，其定位及垂直度要求（1/600）很高，在钢管下放及混凝土浇筑过程中应严格控制钢管柱的定位及垂直度，南国中心二期工程格构柱、钢管柱桩施工中应用调垂架进行钢管桩的定位及垂直度控制，保证格构柱、钢管柱桩施工质量。

（2）钢管柱施工与桩基施工一起完成，在主体结构施工阶段需要与主体结构梁板连接成为整体，故在钢管柱钢管上焊接预埋件较多，预埋件的焊接定位要求精确，数量准确；在钢管柱下放到桩孔时需要严格控制标高，确保钢管上的预埋件在空间位置上的准确。

（3）灌注桩及钢管柱水下混凝土浇筑过程中，钢管柱会因混凝土浮力导致上浮，影响钢管柱的施工质量。本工程采用的调垂架通过地脚螺栓与地面混凝土连接，调垂架通过角钢与钢管柱措施管进行刚性连接，有效控制钢管柱的上浮。

（4）钢管柱在灌注桩桩顶以上管内灌注 C50 高强水下混凝土，钢管柱外无外包混凝土，如何在浇筑钢管柱内混凝土的同时使柱外混凝土不随之上升，是混凝土灌注时需要控制的关键。本工程在浇筑钢管柱管内混凝土时，采用在柱四周均匀投掷细石来均衡柱内外的压力差，确保高标号混凝土在柱内能连续浇筑，而柱外混凝土面不随之上升。

（5）钢管柱（格构柱）灌注桩成桩检测按照 JGJ 106—2003《建筑基桩检测技术规范》标准要求进行桩位偏差、钢管柱（格构柱）垂直度偏差、混凝土强度等指标检测。桩位允许偏差：±100mm；钢管柱垂直度允许偏差：1/600；混凝土强度：满足设计要求。

4 结语

（1）在逆作法施工中采用的钢管柱、格构柱桩承载力高、延性好、抗震性能优越、施工方便，能确保工程施工安全。

（2）采用创新制作的调垂固定架，能够准确地将格构柱（钢管柱）在桩基混凝土浇筑时定位调垂。用四块槽钢分别在上下平台错位固定，防止了浇筑混凝土时钢管偏移，保证了格构柱（钢管柱）桩的垂直度。

（3）钢管柱内混凝土填充时，通过采用在柱四周均匀投掷细石来均衡柱内外的压力差方法，防止了浇筑钢管柱内混凝土而使柱外混凝土随之上升现象的发生，确保混凝土在柱内的连续浇筑，保证了成桩施工质量。

（4）结合本工程实例，为格构柱（钢管柱）桩的施工积累了宝贵的经验以及有效的施工方法，同时为为超高层建筑结构逆作法施工中深入研究格构柱、钢管柱的应用提供了实践依据。

浅谈施工图预算评审存在的问题及应对策略

刘勇继　侯久明/中国水利水电第七工程工程局有公司

【摘　要】 施工图预算评审已经成为国家基础设施投资项目各环节评审中的重要一环，对国有资金项目实施评审，既有利于提高资金使用效率和节约投资，也是平衡各方利益的重要手段。本文通过对施工图预算评审的基本原则、方法、依据、程序等的介绍，结合笔者所经历的市政项目施工图预算评审，进一步对评审过程中存在的问题和应对策略进行总结，供类似工程参考和借鉴。

【关键词】 施工图预算评审　策略

1 预算评审的重要性

近年来，随着国家在基础设施领域投资的逐年加大，为提高政府资金的使用效益，引入了预算评审机制，加强事前、事中、事后的监管。2015 年四川全省预算评审额达到 4265 亿元，高居全国首位；全国其他省区市紧随其后，都加大了对财政资金的评审力度，投资估算、设计概算、施工图预算或招标控制价都需要经过评审。

通过预算评审，一方面有力遏制了建设项目中截留、挪用资金，高估冒算，搭便车和超概算、超预算等浪费现象。预算评审能够在很大程度上挤掉项目预算中的水分，为合理确定建设项目投资提供可能。另一方面预算评审可以实事求是地提供招标控制价（或标底价），招投标项目一般都是采用标底限价下的最低价中标法，如果控制价高了，则会形成水涨船高的溢出效应，不利于建设投资的控制。其次，能充分把定额的"静"和市场的"动"结合起来，更真实地反映一定时期商品的价值和价格。另外，可以有效预防和治理腐败现象。

项目业主将编制好的施工图预算委托政府评审中心评审，评审人员依据有关建设标准、设计规范、现行定额，通过现场勘察、工程量计算、市场询价等方式，结合所提供的资料，预测工程造价，合理确定工程项目的

投资上限。笔者结合所经历的施工图预算评审，总结了相应的评审原则、依据、程序、方法、存在的问题及应对策略等，供读者参考。

2 施工图预算评审的原则

（1）范围匹配的原则。

（2）不能突破概算的原则。

（3）引导推广"四新"技术的应用，促进劳动生产率提高的原则。

（4）充分结合市场行情，动态评审预算价格的原则。

（5）同地区、同类型项目指标法控制的原则。

3 施工图预算评审的依据

（1）设计图纸及说明书、图审会议纪要和有关标准图集。施工图需要盖有设计出图章和行业主管部门的施工图审查章方可有效。

（2）完整的地质勘察报告。

（3）经批准的施工组织设计。

（4）设备、品牌、材料技术参数。

（5）现行工程量清单计价规范、工程量计算规则。

（6）现行定额、各类取费文件及有关动态调价

规定。

  （7）工程承包合同或协议书。

  （8）图表及有关手册。

4 施工图预算评审的程序及方法

  施工图预算评审的程序为：组织现场踏勘→详细评审→初稿编审核对→分歧解决→定稿会签→出具评审报告。

  施工图预算评审的方法常见的有：全面审查法、标准预算审查法、分组计算审查法、对比审查法、"筛选"审查法、重点审查法。为确保施工图预算评审质量，四川省政府规定采用全面审查法进行评审。

  全面审查法是按定额顺序或施工工序，对各项工程细目逐项全面审查的一种方法。该方法优点是全面、细致，审查质量高、效果好。缺点是工作量大，耗时长。

5 施工图预算实际评审中存在的主要问题

  业主现场管理、见证施工全过程，但不主导工程造价；评审中心由于职责的不同，无法深入现场，对施工现场不甚了解，但要负责对工程造价进行评审。因此，施工图预算在实际评审过程中所采用的方式方法与上述规定存在出入和差异。主要表现在以下几个方面：

  （1）评审范围不全面。评审开始前明确了评审范围，但在评审过程中因各种原因造成最终的评审范围不全面、评审价格差距大等情况时有发生。如某市政工程在穿越既有铁路线时，需要临时对原铁路线走向进行调整。此方案先后进行了三次变更，前两次变更已随其他市政工程一起进行了评审，第三次变更由本市政工程建设引起，且是必须发生的变更。若要准确评审出第三次变更增加费用则需要核准三次评审后扣减前两次（且要调整评审的基准期）评审结果才能得出。由于评审人员怕麻烦，嫌工作量大且对铁路规程不如市政熟悉，就找理由不予评审。另外，通信、电力、自来水、燃气等管线的迁改项目，土（石）方外运处置补贴，钢箱梁组价等，都是因为价格差异大，不主动作为等因素不予评审，导致实际评审范围不全面。

  （2）定额使用争议。在评审过程中对定额的使用方面也存在很多争议，比如在清单组价时对所选定额约定的主要工序与实际施工不符，出现定额缺项、漏项等情况；或者仅从字面理解、不按定额说明选用，综合调整系数取下限；再如电力浅沟 U 形槽，设计图和施工方案、定额是按现场制作、安装的方式组价，而评审要求按采购半成品、现场安装组价，导致争议出现。

  （3）评审机构不执行或不完全执行批准的施工方案。评审相关文件明确规定：经业主、监理批准的施工组织设计作为施工图预算评审的依据。实际评审时评审

机构却要求业主再次书面确认，或以批复意见不明确、批复方案与常规不符等理由拒绝执行批复方案，造成评审与实际差异较大。

  （4）材料价格与实际不符。由于评审时间的差异，材料品牌、技术参数的不同，所采用的信息价中的材料规格和设计图纸规定不一致，询价所设定的边界条件不同，当时市场的供求关系等都对材料价格影响较大。无论是先评审还是后评审，都需要在施工过程中由现场各方对材料价格予以确认，并实事求是地调整，才能真实反映市场价格。

  （5）由于环境所致，评审中心和项目业主在工作衔接、职责划分、无缝对接方面都有待进一步提高。

6 主要应对措施

  为更好地促进"现场"和"后方"有机结合，让评审价格能更真实地反映现场实际成本。针对评审存在的上述问题，以时间换空间为总基调，以合同、事实为依据，采取必要的应对措施，获取合理的经营效益。

  （1）紧扣合同主旋律，全力以赴推动业主主动作为。合同是甲、乙双方处理问题、解决纠纷的法律文件，全面准确理解和执行合同约定是做好施工图预算评审的关键。业主作为项目的主要管理方，是现场实际情况和相关要求的见证者和主导者，清楚现场事实，对清单价格具有重要的发言权，应主动提供评审所需的必要资料（如各类运距的确定、材料认质核价、措施方案的确认）、纠正评审错误或与实际不相符的做法、监督评审单位执行相关评审要求和规定等。因此，在评审的环节抓住业主这个龙头，依据合同这根主线解决评审相关问题。

  （2）建立分层级、全覆盖、盯重点的沟通协调机制。从决策层、管理层到操作层面均需要与评审机构直接（或间接）参与单位及人员建立有效、相互信任的沟通协调机制。决策层和管理层层面应建立定期沟通机制，操作层面应建立友善的工作关系和良好的朋友关系，基本达到一对一的对应沟通关系，避免沟通空缺，形成人人有事沟通、事事有人对接的局面。

  沟通主要从项目的特殊性、施工难度、拆迁障碍、不同的商业模式、施工期间"人、材、机"的供需情况、最终产品的质量、用户反馈情况、材料的技术参数和使用时的特殊性（如沥青混合料指定品牌和质量标准）等情况向参与评审各方介绍，使评审人员真正了解现场，充分理解施工过程和项目质量，达到优质优价的目的。

  （3）广泛收集资料，建立行业大数据库，夯实造价基础工作，又快又好推进评审工作。根据不同行业的特点，收集整理不同时期、不同商业模式、不同项目的各阶段工程造价，建立相应价格信息库，梳理不同边界条

件下相对应的价格，对定额的适用范围、工艺内容熟记于心，对单位消耗量分析测算，分析项目未来价格趋势，促进评审工作快速、合理推进。

（4）提高对信息收集整理的责任心并及时完善相关资料。在评审核对过程中，注重信息的收集，包括公共关系信息、会议信息、个案处理信息、常规问题处理等方面，提高对信息收集、处理的敏感性。根据评审的要求，及时补充、完善相关资料，特别是对签字不全设计漏项的施工图、业主对现场的确认情况、地方政府的相关意见及批示等资料进行一致性审核，及时送交评审人员，并签收。

（5）坚持依靠专家力量，解决疑难杂症。借鉴其他工程的经验，充分发挥专家团队的力量，解决评审过程中的重大分歧。

（6）坚持差异化、区别化地处理个案问题。针对不同的问题，梳理不同的处理措施，坚持一事一议、差异化处理争议。

7 结语

施工图预算评审既关系到国有资金的节约和使用效率，也关系项目各方、产业链各环节的利益，要有专业人员专门负责把控，并借助一定的标准规范和事实依据，在平衡各方利益的基础上确定建设项目的工程造价，以有限的工程造价促进企业加强管理，增强企业的盈利能力，提升企业的管理水平。

浅析地铁工程项目施工过程中的成本控制与管理

常　彪/中国水利水电第十三工程局有限公司

【摘　要】　施工单位的成本控制与管理应从工程投标报价开始，直至项目保证金返还为止，贯穿于项目实施全过程。施工企业的最终目标是经济效益最优化。成本控制的一切工作都是为了效益，建筑产品的价格一旦确定，施工成本便是最终效益的决定因素。建筑企业在工程建设中实行项目成本控制与管理是企业生存和发展的基础和核心，施工过程中的成本控制是建筑企业能否有效进行项目成本控制的关键，必须在组织和控制措施上给予高度的重视，以期达到企业经济效益最优化的目的。

【关键词】　地铁工程　施工阶段　成本控制　管理措施

1　引言

武汉地铁 11 号线东段工程是中国电建集团总承包的 BT 项目，我公司承担的第四标段包含两站两区间，车站采用明挖法施工，区间采用盾构法施工。笔者结合施工成本控制及管理实际情况，通过对地铁工程项目施工全过程的成本控制，不断进行成本数据的积累和研究分析，形成一套不断趋于完善的、对于地铁施工阶段普遍适用的、较为完整的成本控制措施，相信会对地铁项目施工过程中的成本控制与管理产生一定的指导作用。

2　项目成本控制与管理的涵义

2.1　项目成本控制与管理的定义

项目成本控制与管理就是要在项目成本的形成过程中，在保证工期和质量要求的情况下，对生产经营所消耗的人力资源、物质资源和费用开支等，采取预测、计划、控制、调整、核算、分析和考核的相应管理措施，纠正已经发生或防止即将发生的偏差，把成本控制在计划范围内，以最大程度节约成本。项目成本管理包括制定项目成本管理计划、项目成本估算、项目成本预算和项目成本控制等过程。

2.2　项目成本控制与管理的任务

（1）在目标成本范围内，以尽可能低的成本完成项目施工。项目成本控制与管理的关键是要保证项目目标成本尽可能好地实现，但对于项目现场管理人员来说"计划总是赶不上变化"。由于项目目标成本制定人员自身的知识和经验所限，特别是在工程项目实施过程中，项目的内部条件和客观环境都难免发生变化。如项目未批复的概算调整修编、设计变更、工程款未按期支付、未曾预想的恶劣天气、国家政策法规的变化等，都会导致项目的成本活动不会按照既定的计划进行；尤其是目前国内一些 BT 项目在开工之初初步设计概算并未正式批复。因此，在项目实施的各个过程中做好成本的控制与管理工作，是项目在批准的目标成本内实现盈利最大化的有力保证。

（2）为衡量项目管理水平提供依据。项目成本管理的优劣能直接反映出项目管理的水平。对一个项目管理水平的评价，项目是否赢利是最为关键的因素之一。通过有效的成本管理，使项目在高质、按期完成的前提下，赢得最大的利润，则项目的实施和管理无疑是成功的。成本管理的本质特征就是在保证质量的前提下千方百计地降低成本，提高企业经济效益。施工企业项目经理部作为企业发展的最基本的管理组织，其全部管理行为的目的就是降低工程施工成本，提高经济效益，就是运用项目管理原理和各种科学的方法来降低工程成本，创造经济效益，实现企业的资金积累，推进企业的可持续发展。这将是项目部的最大目标，也是公司衡量项目部的管理水平的直接方法。

3 成本控制与管理的主要内容及措施

3.1 成本的预测

工程项目中标后，以审定的施工图预算为依据，确立预算成本。预算成本是对施工图预算所列价值按成本项目的核算内容进行分析、归类而得的，其中有直接成本的人工费、材料费、机械及备件使用费根据工程量和预算单价计算求得；其他直接费、间接成本的施工管理费，按工程类别、计费基础和费率的计算求得。通过成本预测，可以在满足合同履约的前提下，选择成本低、效益好的最佳成本方案，并能够在施工项目成本形成过程中，针对薄弱环节，加强成本控制，克服盲目性，提高预见性。施工成本预测通过对施工项目计划工期内影响其成本变化的各个因素进行分析，比照近期已完工施工项目或将完工施工项目的单位成本，预测这些因素对工程成本中有关项目的影响程度，预测出工程的单位成本或总成本。

3.2 成本的计划

施工成本计划是以货币的形式编制施工项目在计划期内的生产费用、成本降低率以及为降低成本所采取的主要措施和规划的书面方案。它是建立施工项目成本管理责任制、开展成本控制和核算的基础。此外，成本计划还是项目降低成本的指导性文件，是设立成本控制和考核的依据。施工成本计划编制一般应满足以下要求：

(1) 以项目实施方案为基础。

(2) 合同规定的项目质量和工期要求。

(3) 满足对项目成本管理目标的要求。

(4) 符合定额及市场价格的要求。

(5) 有类似工程项目提供的可借鉴性经验。

在工程开工前，应将计划成本目标分解落实到项目各管理部门和前方施工班组，为各项成本的执行提供明确目标、控制手段和管理措施。

3.3 成本的控制

施工过程中的成本控制是对影响施工成本的各种因素加强管理，并采取有效措施将施工过程中发生的各种消耗建立动态管理台账，通过动态监管和及时反馈将支出严格控制在成本计划范围内，严格审查各项费用是否符合标准，计算实际成本和计划成本之间的差异并进行分析，进而采取针对性的有效措施，减少或消除施工中的损失浪费。在项目施工过程中，按照动态控制原理对实际成本的发生过程进行有效控制。项目部为了达到降低施工成本目的，根据已确定各成本子项的目标成本，与各专业人员签订成本管理责任书，激励项目部全员参与施工成本的动态控制。

例如地铁工程建设的材料费和设备使用费是工程项目成本的重要组成部分，钢筋、混凝土等主要材料通常占到工程项目成本的55％以上，是项目成本控制的重要环节。地铁项目施工工期一般较长，受市场原材料价格不稳定因素的影响较大，地铁工程材料采购费用对工程成本的影响更加突出。材料用量的控制，应以消耗定额为依据，实行限额领料，没有消耗定额的材料，要制定领用材料指标加以控制。

3.4 成本的核算

施工成本核算一般以单位工程为对象，也可以根据承包工程项目的规模、工期、结构类型、施工组织和施工现场等情况，灵活划分成本核算对象。施工成本核算的基本内容包含人工费、材料费、结构件费、机械使用费、措施费、分包工程成本、企业管理费等。项目部要建立一套行之有效的项目业务核算台账和施工成本会计台账，从形象进度表达的工程量、统计施工产值的工程量和实际成本归集所依据的工程量三个同时统计的数据，实施整个施工周期的成本核算。实际成本中耗用材料的数量，必须以计算期内工程施工中实际耗用量为准，不得以领代耗。已领未耗用的材料，应及时办理退料手续；需留下继续使用的，应办理假退料手续。实际成本中按预算价核算耗用材料的价格时，其材料成本差异应按月随同实际耗用材料计入工程成本中，不得在期末一次计算分配。项目部可以每天、每周或每月进行定期的成本核算，并以月为周期编制施工成本报告，进而最终以此为基础进行竣工工程成本核算。

3.5 施工成本分析

施工成本分析建立在施工成本核算的基础之上，贯穿于施工成本管理的全过程；主要利用施工项目的成本核算资料，采用定性和定量结合的方法，与目标成本、预算成本以及类似的施工项目的实际成本等进行比较，了解成本的变动情况。通过成本分析，深入研究成本变动的规律，探索降低施工项目成本的途径，以便有效地进行成本控制。成本偏差的控制，分析是关键，纠偏是核心。要针对分析得出的偏差发生原因，采取切实可行措施加以纠正。

笔者所在武汉地铁项目部每季度按照归集的实际成本费用进行项目成本分析，提出项目当期及累计成本计划完成情况，并逐项分析成本项目节约或超支情况，寻找原因，总结成本节约经验，吸取成本超支的教训，为制定超支项目成本控制措施提供依据。

3.6 施工成本的考核

施工成本的考核是在施工项目结束之后，工程结算收入与各成本项目的支出数额最终确定，项目部整理汇总有关的成本核算资料，报公司审核。根据公司的审核意见及项目部与各部门、各有关人员签订的成本承包合同，项目部对责任人予以奖励。如果成本核算和信息反馈及时，在工程施工过程中，分次进行成本考核并奖罚兑现，效果会更好。对施工项目成本形成中的各责任者按照施工项目成本目标责任制的有关规定，将成本的实际指标与计划、定额、预算进行对比分析和考核，为下一个项目的成本控制提供指导依据。施工成本的考核是衡量成本降低的实际成果，对项目进行经济责任承包的考核，以期改善经营管理，降低成本，提高经济效益。施工成本的考核也是对成本指标完成情况的总结和评价。

4 结语

施工企业的最终目标是经济效益最优化。成本控制的一切工作都是为了效益，建筑产品的价格一旦确定，成本便是最终效益的决定因素。只有稳健地控制住工程项目成本，利润空间才能打开。又因为建筑产品的一次性，其成本控制没有现成的依据可寻，更需要因项目而异，因时间而异。总之，在地铁工程施工中，建筑企业应将成本管理贯穿于整个项目过程，在地铁建设工程的各个环节中，始终贯穿以目标成本为指引方向，以责任者为控制主体，以制度为约束手段，建立横向到边、纵向到底的全员、全过程、全方位的成本管理体系为企业的可持续发展做出贡献。

浅析不平衡报价的应用及风险规避

魏　杰/中国电建集团港航建设有限公司

【摘　要】 不平衡报价是指施工企业在工程投标总报价确定的情况下，在自行研究招标文件和现场踏勘的基础上，有意识的调整某些项目的单价，并期望通过项目执行过程中的变更引起的工程量或者单价的变化，进而获得额外收益。本文主要结合肯尼亚内罗毕外环路项目建设实践，简述如何运用不平衡报价来规避项目风险。

【关键词】 不平衡报价　风险规避　变更

1　工程概述

肯尼亚内罗毕外环路项目位于肯尼亚内罗毕 Embakasi 地区，始于 GSU（区域司令部），中间穿过几个主要的居民聚集区，如 Baba Dogo、Kariobangi 等地区，结束于东外环线，主线全长 10.4km，另外包括匝道和支路等约 4km，结构物主要包括 3 座跨河桥，1 座地下通道，5 座跨线桥和 2 座连续高架桥。

内罗毕外环路项目沿线地质情况复杂，岩石覆盖层为 1.5～2.5m 的黑棉土，地下水位较高，地下管线纵横交错且没有详细准确的管线布置图。由于道路沿线均为人口密集区，工作空间狭窄，交通流量巨大，并且多处的设计路线已经侵入沿线民房，导致施工图纸需要重新设计。

内罗毕外环路项目建设期恰逢肯尼亚总统大选之年，该项目作为内罗毕市区的形象工程，受到肯尼亚政府方的高度关注，这为项目的顺利实施提供了良好的外部环境，也为项目公司与业主方的相互合作提供了良好的平台。

2　不平衡报价的应用

2.1　不平衡报价的选择依据

不平衡报价的应用条件主要有以下几种：一是设计图纸不准确，错误明显，或者设计图纸与现场实际情况不统一，适用性较差，估计施工过程中会对设计图纸进行较大调整的项目，要在定额单价的基础上适当提高报价；二是根据现场勘测情况，将估算工程量同招标文件中的工程量清单进行对比，如果清单中工程量明显偏少，可以适当提高报价以提高后期单价变更的基数，如果清单工程量明显偏多，可以适当降低报价，通过较小的单项亏损以换取其他单项的更多盈利；三是对于先期施工的项目，可以将单价定的稍高一些，便于增加前期产值和工程款收回，加快资金周转。

由于本项目设计图纸比较粗略，漏洞错误较多，而且根据招标图纸的设计宽度和设计路线，沿线的拆迁工作预计将会遇到很大的阻力，地下的城市供水主管线和石油主管线也占据了大部分的工作面。因此，减小路面设计宽度和调整部分设计路线也存在很大的可能性。其次，考虑到招标文件工程量清单中的某些工程量与现场情况严重不符，例如：招标文件中橡胶支座的个数仅为 120 个，远低于实际需求量 2400 个。钢筋合同量为 8000t，而实际预算量超过了 16000t。另外该项目土石方工程量较大，但周围有限的取土场和弃土场也成了硬性的限制条件，加之业主方严苛的进度要求，使得设计变更可能性大幅度增加。考虑到以上几种情况，同时为了在提高中标可能性的前提下获得较大的预期收益，不平衡报价也就成为了投标的最优选择。

2.2　不平衡报价的约束条件

肯尼亚内罗毕外环路项目工期为 36 个月，时间跨度较大，不确定因素多，发生工程量变更的可能性很大。因此，积极寻找有利变更点成为运用不平衡报价的关键，而推动变更成功的主要因素是要从业主的利益角度出发。结合承包商现有资源的利用率和施工方法的可操作性，提出省时省力又有利于未来规划的建议，从而缓解业主方承受来自政府及社会各方面关于施工进度的舆论压力，既增强了业主方对于承包商业务能力的认可和信任，也达到了双方合作共赢的目的。

项目部从研究合同出发，以 FIDIC12.3 条款为筛选变更点的依据，通过逐条分析合同条款，确定不平衡报价变更点的关键内容和依据。FIDIC12.3 条款中对单价调整提出的三个条件：一是实际工程量比合同工程量清单变动超过 25%，二是工程量的变动与该项工作的具体费率乘积超过合同额的 0.25%，三是由于该工作量的变动导致该项单位工程量费用变动超过 1%，满足其中一个条件才可以进行单价调整。于是项目部从业主的利益出发，在综合考虑便于我方施工和保持业主投资最小化的基础上，提出了几项重要的变更建议，主要包括：KM3+750～KM4+950 之间的混凝土面板加筋挡土墙施工变更为钢筋混凝土连续高架桥施工，KM9+500～KM10+050 处的悬臂式混凝土挡土墙施工变更为混凝土连续高架桥施工，将原设计的双向六车道改为双向四车道以减轻拆迁阻力。这就使得 C30 混凝土工程量从 4.4 万 m³ 增加到 5.7 万 m³，变化量为 29.5%；C35 混凝土工程量从 0.8 万 m³ 增加至 1.6 万 m³，变化量 100%；土方填筑量从 50 万 m³ 减至 32 万 m³，减少 36%，土石方开挖量从 60 万 m³ 减少至 22 万 m³，减少 63%。经过以上几项主要的调整，预算合同额增加 8.5%，仍然处于业主方可接受范围之内；而整个工程的施工进度将会得到大幅度提升。经过反复的比较和权衡，项目部提出的以上变更提议全部通过，并且经过后期的实际操作也使之前的进度预期得到验证，完全解除了政府和社会各方对于该项目的质疑。

通过以上几项主要的变更过程，项目部总结出一套工程变更点识别和确认程序流程（见图1），项目部根据

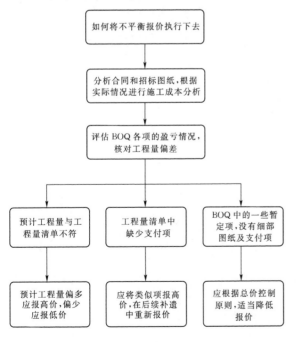

图 1 工程变更点识别和确认程序流程图

该变更控制程序在后续的履约过程中对其他分部分项工作也成功进行了局部变更，比如以 C20 混凝土清单工程量严重不足为由，将排水沟的混凝土标号从 C20 变更为 C25，这样其中的 3000t 钢筋就可以单独计量，规避了 450 万美元的损失。

3　不平衡报价的风险

不平衡报价对于施工企业来说是一个投标报价的重要策略，在给施工企业带来丰厚利润的同时，也存在着巨大的竞争交易风险和经营履约风险，可能给承包商带来巨大经济损失。投标人在运用时应该注意防范，将风险置于掌控范围内，应在定额基价的基础上确定一定的不平衡幅度；一般控制在 15%～25% 为宜，避免因调整幅度过大和后期的不可控变更点造成潜亏风险的发生。此外，投标人在投标过程中也应该综合考虑业主方、监理方、自然环境和政治环境等外部因素的影响，以合理评估在项目执行过程中遇到的阻力和挑战，以及项目各参与方合作水平，以避免无点可变的尴尬境地。

3.1　竞争风险

不平衡报价增大了招标人成本控制的风险，因此招标单位也逐渐加强了对资格预审和整个评标阶段的重视，防止出现恶意的低价中标。对不平衡报价的尺度掌握也就显得尤为重要，不可随意伸缩，当报价成倍的偏离适中的市场价格时，就有可能被业主评为废标而失去中标的机会。

3.2　履约风险

投标人通过不平衡报价中标后，在合同的履约过程中，不平衡报价的风险主要包括以下几个方面：

（1）复杂的现场环境可能会打乱原来的施工进度计划，导致标价较高的清单项目实施滞后，从而影响资金回收的计划。外环路项目的主要盈利点是结构层和结构物的钢筋部分，但是由于沿线拆迁问题和缺少合格的取土场，导致大部分结构物无法动工，而且具备施工条件的土方工作面无法立即进行填筑工作。从而大大拖延了前期资金的回收。

（2）工程量的变更也会给项目带来预期之外的损益，并且这种变化的影响将是巨大的，如果趋势预测错误或者是后期变更不能圆满促成，项目将会遭受利润的巨大损失。项目部正是在正确的盈亏分析比较的基础上确定了基本原则，即在已经合理预计实体工程量的基础上，综合分析各分部分项工程的预计工程量和合同工程量，结合合同变更条款的要求，通过向业主提交设计图

纸修改建议的方式来平衡预计工程量与合同工程量的差值，从而实现业主方与承包方的双赢。

（3）对工程量清单各项的理解也是关乎项目最终利润的一个主要方面，对于发生可能性较小的条目或者描述比较笼统的部分要采用低报价，从而在后续的履约过程中，对描述简略的施工内容需要重新设计图纸，局部重新报价也就成为了可能。比如：在控制总体报价的基础上，适度降低合同中缺少细部图纸的分项工程报价，通过在后期图纸细化的过程中争取重新报价的机会。

4 结语

在国际工程施工中，面对不同国别、不同地域的施工环境，在梳理合同条款和工程量清单的基础上，及时准确地识别风险点和盈亏点，充分利用不平衡报价的规则，提高项目的盈利空间，内罗毕外环路项目作为企业在东非市场通过不平衡报价中标的一个典型案例，为类似工程项目的投标和建设提供了参考依据。

浅析国际工程物资保障工作

周广婷/中国水利水电第十三工程局有限公司

【摘　要】　随着我国"一带一路"倡议的进一步落实，越来越多的中国建筑施工企业走出国门，参与到国际市场的竞争之中。国际工程物资保障是国际工程各项管理工作中一项重要内容，涉及内容繁杂，并且国际工程物资保障成功与否直接影响项目的实施进度和经济效益。笔者结合当前国际工程物资保障工作的变化，阐述国际工程物资保障工作所包含的内容、特点以及存在的问题，探讨如何加强国际工程项目物资管理和保障的思路。

【关键词】　国际工程　物资保障　国际化　供应链　管理措施

1　前言

物资保障工作是工程项目各项管理中的重要组成部分，优质、齐备、及时、经济地进行物资供应和有效管理，关系到项目目标是否能够顺利实现以及项目的经济效益能否实现最大化。国际工程都分布在海外，较国内工程而言，国际工程物资保障具有服务时间长、中间环节多、风险系数高、服务链条长的特点。若物资供应的资源环境、供应渠道、运作方式发生变化，则工程物资供应的制约因素相对增大。在构成国际工程主要直接成本的要素中，物资材料成本往往占有较大比例；因此，在保证国际工程施工进度、施工质量等合同主要要素前提下，加强国际工程物资保障管理是合理配置物资资源、实现工程完工目标和经济效益等各项管理工作中的重点。提高对国际工程物资管理重要性的认识，加强对物资保障工作的管理，对国际工程项目的顺利实施有着重要的意义。

2　国际工程物资保障工作内容

2.1　物资的采购

国际工程项目物资供应的系统性很强，所组织的物资要按照合同要求或者施工进度要求，按时、齐备、保质保量地运抵施工现场，才能保证工程施工的顺利进行。出于节约成本等因素的考虑，国际工程项目的物资采购往往是在国内进行招标采购。与国内项目物资采购不同，国际工程物资采购存在审批手续多、程序复杂、技术要求高、供应链条长等特点；其采购计划一般要提前2～3个月甚至更长时间，还要考虑到物资办理出口、海运、进口清关的时间和全程物流运输时间。

2.2　物资的运输

国际工程项目所需物资一般都从国内或第三国采购，需要的货物种类多，运输距离长，因此一般采用海运或陆运方式。海运主要采用集装箱和散货两种运输方式，对于大型国际工程项目或一次性采购数量特别大的情况下，也可采用整船包租的形式进行运输，避免等待班轮或货轮配货而延误发货时间。陆运主要采用普通货车或拖车两种运输方式，在工程所在国铁路运输方便的情况下，也可采用铁路运输方式。安排物资运输的时候，事先要根据项目所在国家的路况，注意物资包装箱的超长、超宽、超高和超重的限制。在运输过程中，还应当注意货物包装必须牢固，并根据物资特点注意防潮、防锈、防腐蚀、抗压等。对于大型的燃煤或燃油电厂项目，单件或单体超重的物资，还要事先对工程所在国的起吊、运输能力以及陆运沿途的桥梁承重是否满足要求等进行考察。

2.3　物资仓储管理

国际工程物资仓储管理是物资供应链管理中的重要环节。物资仓储管理既要遵守企业的相关规章制度，也要满足物资存储的一般要求，同时还要符合项目技术规范对物资存放方面的特殊条款，要符合工程所在国的法律法规也对物资的仓储有专门的规定。另外，随着互联网信息技术的应用以及物资仓储管理软件的研发和使用普及，负责物资仓储管理的人员除具有专业知识要求之外，还应熟练计算机网络、信息技术方面的操作技能。因此，加强对工程物资的仓储管理，不仅能提高物资供应水平，也能节约物资的管理成本。

3 国际工程物资保障工作特点

3.1 程序复杂、知识领域多

项目实施过程是把投入到项目中的人力、物力和财力等资源转化为工程实体的过程，其中物资材料转化为工程实体表现得最为直接。因此，物资保障工作在工程项目各项管理工作中的作用最为关键。相对国内工程管理而言，国际工程物资保障工作除涉及物资材料的需求计划上报及采购、物资材料的报验和批准、物资材料的储存和管理外，还包含物资材料的出口、海运、清关等工作；其中的物资出口、海运、清关工作都是贸易专业方面的知识，甚至还涉及工程所在国对进口物资的法规和禁忌要求等，所以国际工程物资保障工作面临的不可控风险也较大。国际工程物资保障涉及的程序和管理手段复杂、知识领域面广，要求从事国际工程物资保障的人员具备专业的素质、丰富的知识和经验。

3.2 技术要求差异大，质量要求标准高

由于国际工程所处的国度和区域不同，因此在技术要求、质量标准方面的要求也有所不同。如：欧洲和中东阿拉伯等市场机制比较完善的国家，对物资材料在环境保护方面的要求就相对严格；而非洲或亚洲的一些国家，则对物资材料在这方面的要求相对宽松。因此，对从事国际工程物资保障管理工作的人员来说，相对于国内工程物资管理而言，需要掌握的知识更深、更广。

3.3 上报和审批程序复杂

FIDIC是国际咨询工程师联合会的简称，一直是国际工程比较普遍适用的合同条款。在FIDIC合同条款中，对在项目中使用的物资和材料有严格的准入程序，一般都要经过监理工程师对拟使用物资材料的技术参数、质量、标准等进行审查。很多以世界银行、非洲开发银行的资金为支付手段的国际工程，在招标阶段的招标文件中，都有对材料来源于合格成员国的要求，即将来使用或投入到工程中的材料必须来源于世界银行或非洲开发银行的合格成员国。所以，相对国内工程而言，国际工程的物资材料报验和批准程序比较复杂。

3.4 物资保障趋于国际化和本土化

随着中国企业走向国际市场，中国建筑企业的全球化步伐越来越快，一个国际化的建筑企业的标志是全球化。施工企业的国际化、全球化不仅仅是把业务开展到第三国家，也包括人力资源、物资资源等的全球化。随着中国企业对国际市场的进一步开拓，中国建筑施工企业在国际上的排名和影响力越来越明显，中国建筑施工企业在国际化和本土化方面的管理水平也逐年提高。近年来，随着国际电商和国际物流工业的发展，物资保障的国际化和全球化已成为未来的发展趋势。所以中国施工企业必须与时俱进，转变思路，积极培养国际化方面的专有人才，拓展国际工程物资采购链；只有把国际工程物资采购链国际化、信息化、集中化，才能真正实现国际工程物资保障的国际化和本土化。

4 国际工程物资保障工作存在的问题

4.1 物资采购的质量和数量问题

国际工程物资采购的质量和数量问题，一直是国际工程实施过程中普遍存在的难题，主要存在的问题有：采购的物资质量不符合技术规范的质量要求、数量控制不到位、采购的物资并非项目所需等。这些问题的产生，一方面是由于国际工程承包企业的质量管理理念跟不上国际工程的规范要求，质量管理体系不完善和执行力不足，对供应商的质量考核不到位；另一方面，与企业的采购合同质量约束条款不够明确，合同约束力差，以及国际工程物资采购环节对质量监控不到位等有关。目前国内建筑行业的规范和标准与西方的规范和标准差异较大，对专业资格的要求不同。比如在中东国家、欧盟国家实施项目，负责采购物资材料的人员（采购员或材料工程师）必须持有本地的执业资格证书，否则不仅不能从事物资采购工作，而且采购的物资材料也不会被业主或监理工程师批准。

4.2 物资运输和交货存在风险

一是国际工程项目中的物资采购一般需要较长距离的海运或者陆运，这就有可能遭遇恶劣天气、海盗袭扰、路况差和其他突发状况。

二是从供应商供货到运抵工程所在地的运输链条中，货物运输安全和运输时间并不能得到绝对的保证，存在货物不能按时到达的风险。

三是在非洲一些国家，海关部门工作效率较低、责任心不强，存在货物在海关丢失的风险。

以上因素都将导致物资无法按时交货。针对这种情况，物资保障管理部门应提前考虑到运输和交货时间的风险因素，做好应急预案，在运输货物遭遇突发事件时及时采取补救措施，避免影响项目施工进度而产生工期风险。

4.3 物资保障国际化程度低

在物资保障方面存在着国际化程度低的问题。笔者做过一项调查，目前包括很多央企在内，实施国际工程物资供应达到国际化标准的企业很少，做到或实现国际化的程度不到30％。一方面是我们的业务人员水平还达不到国际化的要求，另一方面很多建筑企业还没有走出以往的惯性思维模式，物资采购计划制定、物资采购询价、签订合同、运输等工作，大多喜欢选本国的供应商。选择国际或第三国家的供应商，需要物资管理人员除熟悉专业技术方面的知识外，还应具备语言、国际货物运输协议、国际贸易方面的知识，物资管理人员的业务素质和管理水平还有待进一步提高。

4.4 物资认证标准比较差

在国际工程中，特别适用在工程本身的永久物资材料，在采购实施前必须递交物资材料的技术参数、质量标准、产品质量认证等方面的文件供监理工程师审批。而中国企业在产品技术手册、参数标准、生产标准以及质量认证方面做得还远远不够，往往不能提供足够充分的文件供监理工程师批准，经常会耽搁项目物资材料的批准而影响施工进度。另外，一方面是过去在粗放式发展阶段，我们的生产厂家不注意产品的质量和外观，另一方面在产品宣传和包装方面也做得不够好，因此，在国际上普遍对中国制造的认可度不高。虽然近几年中国的生产厂家注意产品质量并且有了很大的改进，但西方国家在一定程度上对中国制造的偏见一时还很难消除。

5 国际工程物资保障工作管理措施

5.1 创新物资管理模式

物资管理并不是静态和孤立的。管理的主体是人，物资管理的对象也是人或物。因此，物资管理必然呈现出多样化、复杂化、特殊化的特点。在国际工程项目的物资保障管理过程中，要注意运用系统思考、全面考虑的方法，对海外工程的物资实行动态管理，这样才能使物资管理效果最大化。具体来说，物资管理的组织结构要力求高效，尽可能简单明了，减少中间环节，做到责任清晰，权责分明。管理手段应广泛运用信息技术，将物资流通过程建立在网络平台上，实现网络化管理。管理现场则应该保持整洁卫生，将各类物品堆放整齐，做到多而有序和规范管理。通过创新物资管理模式和运作机制，做到库存合理、保障供应，使总成本降到最低。

5.2 创建物资合作供应链

在国际工程物资供应和采购管理上，目前仍采用传统的物流供应模式。由于在物资储备和管理上信息化做得不够，造成中国企业每做完一个项目，难免会剩余和积压大量的物资和材料。因此，当前的企业财务管理制度和物资管理上，企业都把物资去库存作为企业或项目考核的一个指标。物资储备必定会花费相当的储存费用，要降低物资存储费用就必须控制好物资数量的输入。良好的物资供应链有助于物资供应渠道的畅通、保证物资的及时输入、促进物流整体效率的提高。加强企业供应链控制，能够有效防范采购过程中的计划错误和人为舞弊现象，在保证工程项目完成的前提下最大限度地降低采购成本。

5.3 加强物资保障的国际化本土化

中国制造和产品在国际上有价格低廉的优势，从事国际工程承包的企业作为国家贸易的主要载体，也有推动中国货物贸易出口的责任，但从施工企业国际业务发展全球化、国际化的趋势来说，积极推动资源（物资源）国际化和本土化，或做到部分国际化、本土化，则可以缩短材料供应和物资保障工作链条，有利于国际工程承包企业控制物资保障风险，同时也有利于中国建筑企业的国际业务向国际化纵深发展。

5.4 优先选择合规性强的物资供应商

无论国际工程比较通行的FIDIC合同条款，还是国际工程合同惯例，使用在工程中的物资材料要先上报监理工程师审查并获得批准。由于受传统习惯和管理上的思维定式影响，很多国内物资材料生产供应商在产品手册制定、产品质量认证方面做得不够，不注重产品的宣传包装，往往出现准备齐全的报验资料比较困难的现象；有些企业甚至连外文版的产品手册和质量认证资料都没有。为方便项目监理工程师审查和批准物资材料的报验资料，承包商的物资保障部门要优先选择产品技术资料齐全、质量认证充分的供应商作为意向中的供应商，特别是那些获得国际质量认证机构颁发的质量证书的供应商，更容易获得监理工程师的青睐。比如英国的劳氏质量认证（Lloyd's Register Quality Assurance, LRQA）、法国船级社（Bureau Veritas）等都是国际上知名的质量认证机构，欧美等西方国家的监理工程师认可度比较高。选择合规性比较强的物资供应商，一方面容易获得监理工程师的信任和批准，另一方面也通过项目实施向世界推广和宣传中国制造，有利于推动中国产品世界品牌化、国际化。

5.5 充分利用跨境电商及物流平台

随着互联网媒体技术的发展，跨境电商和国际物流工业越来越发达，跨境电商和国际物流工业也带动国际货物交易模式发生转变。在跨境电商不断发展的影响下，传统国际货物交易模式受到一定的影响。在传统的国际货物交易模式中，买卖双方要通过当面协商、电话或邮件等方式进行多次沟通，最终达成相应交易，需要耗费买卖双方大量的协商时间；同时也在一定程度上影响了国际货物交易效率。而在跨境电商的作用下，传统的国际货物交易模式发生了较大的转变，最终为传统国际货物交易的创新提供了有利条件。对从事国际工程承包的企业来说，只有充分利用跨境电商及国际物流平台，创新国际工程物资采购和管理模式，拓展物资保障的渠道，才能真正实现国际工程物资供应国际化。

6 结语

国际工程项目物资保障管理是一个系统工程，我们要充分估计运作中可能遇到的困难，并深入分析各种潜在的风险，通过强化项目物资计划管理、建立健全管理制度等举措，提高物资管理水平，在保障物资供应的前提下，有效降低我们的国际工程项目实施进程中的物资成本。

浅析苏布雷水电站（EPC）成套设备供货风险

王世宇/中国水利水电第五工程局有限公司

【摘　要】　设备供货管理在国际EPC水电项目的实施中有着重要的影响。为了有效地控制设备供货过程中的各种风险因素，提高EPC项目管理水平，笔者结合苏布雷水电站项目的供货管理实践，分析苏布雷水电站项目设备供货的特点，阐述设备供货流程中各环节的具体工作，提出建立以质量保障体系和进度监督机制为基础的设备供货保障体系，以此实现设备供货流程化管理和风险控制。

【关键词】　国际EPC项目管理　机电设备供货　风险控制

1　引言

苏布雷水电站工程位于科特迪瓦西部，由中国电建集团水利水电第五工程局有限公司（以下简称我公司）承建，电站装备3台90MW混流式水轮发电机组，1台5MW贯流式水轮发电机组，总装机容量为275MW，是科特迪瓦在建规模最大的水电站。电站建成后，将大大提高清洁能源在科特迪瓦总发电量中的所占比例；同时，配套建设的电站至阿比让225kV输电线路，将极大提高科特迪瓦经济中心的电力供应水平。

苏布雷水电站工程是我公司第一个完整意义上的国际EPC项目，我公司由原先的施工方转变为总承包方，这一角色的转变，对项目建设和管理提出了更高的要求，我公司也通过该项目的实施，获得了执行国际项目的宝贵经验。作为苏布雷水电站的总承包实施方，项目管理部人员拥有较强的执行力和沟通能力，但缺乏实施机电成套设备采购工作的实践经验。因此，公司选择了良好的合作伙伴，与中国电建集团成都勘测设计研究院有限公司组成项目联合体进行优势互补。专门成立了苏布雷水电站成套设备部，负责本项目机电成套设备采购工作，并对设备交货进度、质量进行统筹管理。

2　梳理设备供货流程，加强风险环节管控

2.1　确定设备供货商环节

苏布雷水电站除水轮发电机组是业主指定由Alstom公司供货外，其余机电成套设备按系统划分了三十余个标段，在国内分别进行自主招标。在确定设备供货商环节上，总承包方与电站业主、咨询工程师在理念上存在较大差异。总承包方希望选择有良好合作经历且价格较国外设备有优势的供货商；而业主、咨询工程师则对国外品牌厂家有明显倾向性。由于双方理念上的差异，一旦中标供货商不在业主、咨询工程师倾向范围内，咨询工程师往往会通过不批复厂家资质报批文件或以直接拒绝的方式来体现业主的意图。因此，在未明确了解业主对设备供货商的认可情况下，继续开展后续工作的风险很大，若按照业主、咨询工程师的思路采购，则将大大增加采购成本，动摇EPC项目的运作模式。

根据本项目与业主、咨询工程师的沟通经验，在确定设备供货商环节上，总承包方需敦促供货商将资质报批文件的重点放在国际项目供货业绩及厂内设计、制造能力方面；为进一步说服业主、咨询工程师，总承包方还应充分考虑利益上的平衡；如选择国内设备供货商，可主动邀请业主和咨询工程师到国内进行实地考察供货商的设计和制造能力，通过这种深度资质审核的方式，打消业主和咨询工程师的疑虑。

总之，在推荐、选择供货商环节中，总承包方应高度重视与业主的有效沟通，采取有效措施化解存在的障碍和分歧，以得到业主的及时认可和批复。

2.2　设备深化设计环节

在初步设计阶段，由电站设计方对各系统设备进行初步选型，图纸深度仅满足招标阶段使用；施工图设计阶段，产品的选型以及图纸的报批等均由设备供货商完

成，电站设计方仅负责外围土建及电气控制接入等配合工作。因各供货商的设计水平不一，翻译水平良莠不齐，一套设备的设计文件甚至要经历四五个版次的报批才能获得批准。而根据 FIDIC 条款，咨询工程师对设计报批文件的一个审批周期为 21d，有些供货商甚至因为屡次报批被拒而萌生退意。

另一方面，国外咨询工程师普遍存在免责意识强、变通能力差的特点。本电站几次出现由于实际选型设备的技术水平和性能高于主合同技术条款要求，但咨询工程师始终以主合同作为执行依据，导致设计文件一直处于拒绝状态。由于存在争议，设备的采购和生产工作也停滞不前，严重缩减了总进度计划中设备到场后的安装工期。

综上，总承包方在项目开工初期就应考虑设计对采购和施工的影响，优先安排生产周期长、制约施工关键点的设备开展设计工作。敦促电站设计方及时提供设备的选型计划书，并根据项目总计划编制设备供货进度计划，对提交设计成果、启动招标、合同谈判、生产周期纳入节点进行严格控制。

设备供货进度计划确定之后，保证设备详细设计的及时输入、咨询工程师审批意见的及时返回是 EPC 项目设计管理的关键。作为 EPC 项目总承包商，应在正式开展设计前组织各供货商共同理清审批程序，明确设备设计报批文件的组成及出图的细节要求，使设计管理工作具有计划性和针对性，这是帮助供货商提升应对审查能力的主要途径。

总承包方定期清理咨询工程师未批复文件，统一发函进行催促，并根据实际工期需要，召开设计联络会，增加与工程师之间面对面的沟通机会，保证沟通渠道的畅通。这是作为 EPC 项目的设计管理者确保设计文件审批速度的有效手段。一旦设备详细设计文件获得批准，则马上可以进入设备制造环节。

2.3 设备制造及出厂验收环节

设备制造质量是设备供货的关键所在，机电设备厂内生产制造的工序多，内部采购环节复杂，不可控的因素也随之增多。若设备生产过程中厂家质量控制不到位，或是使用不符合技术要求、合同规定的元器件，都会给设备后期正常运行、移交带来风险，严重者还会与业主、咨询工程师之间产生信任危机，影响后续合作。

对于生产质量要求高的大型机电设备，应派驻厂监造人员，对设备的每个生产环节进行监督管理。对于一般性设备，应要求供货商至少每半个月提交一次质量简报，其中必须包括主要材料的材质证明文件、质量检验文件、外购件合格证等，保证设备生产过程的受控以及质量保证的可追溯性。在出厂验收时，应由设计人员和富有安装经验的人员进行全面、严格的检查，装配件做到厂内预装见证，辅助设备做到机械、电气联合调试。

设备验收后，必须整改、复检合格才允许出厂。

在供货商履约过程中还要进行动态考核，对履约情况好的供货商，今后可以建立良好的合作关系，对履约情况差的拉入黑名单，在一定程度上能够对供货商起到激励作用。此外，在国内制造业影响度不高的情况下，采购人员要与供货商相关人员增强沟通，除了在合同层面要求供货商提供高质量的产品，还要根据国外供货环境的实际情况对其进行监督，敦促其提高质量意识和责任意识。

2.4 物流运输环节

国际航运时间长、海运途中不可控因素多，从国内港口到科特迪瓦港口的正常海运周期为 70d，但本项目曾几次出现由于海上风浪原因，船舶在途中滞港，海运周期延长到 90～120d 的情况。设备到货时间滞后，现场施工就面临停工的窘境。通过对苏布雷水电站已交货设备的统计显示，80% 以上的成套设备都存在不同程度的延迟交货情况。

现场施工管理是动态模式，设备的运输计划也应随着施工计划不断进行调整。设备到货既要满足土建施工、机电安装进度要求，又要控制好在现场的闲置时间，还要充分应对考虑不可控因素的影响。因此，物流管理的提前规划十分重要，提前将发货清单提供给物流公司订舱，并根据设备危险等级提前准备报关资料，才能保证后续物流运输环节的畅通。物流管理人员在项目初期就应深入了解所在国港口的实际卸货能力，进场道路情况。要结合物流船期、运输要求，对机电成套设备进行分类，以确定不同的运输周期。第一类为易损件和精密件，必须用集装箱船运输，运输周期在 60d 左右；第二类为超大超重件，考虑所在国港口装卸能力有限，必须用重吊船吊装，运输周期在 70d 左右；第三类为普通设备，使用普通散货船装运，运输周期在 80d 以上；第四类为赶工期必须空运的急件，运输周期在 15d 左右。

由于机电成套设备系统之间的差异性和现场工期的需要，自然形成了多批次运输的特点。在项目初期，机电设备安装处于预埋阶段，时间相对充裕，为降低运输成本，可采用散货船运输；随着施工难度增加及施工顺序的调整，部分设备变成施工急需，必须缩短运输时间，并且此时电气、自动化设备陆续制造完成开始发运，考虑到海上运输时间长，环境恶劣，货物发运的中后期，应部分采用集装箱船运输。而在机电安装高峰阶段，现场经常会出现需要追加损坏零件和专用工器具的情况，受科特迪瓦国家工业水平的限制，必须选择空运的方式。

2.5 现场仓储管理环节

在水电项目的建设中，总承包方往往忽视机电设备仓储管理工作的重要性。仓库设计布置不合理、设备无序堆放，直接影响了机电设备安装的工作效率；库管工作力量薄弱，设备开箱验收、清点等工作不到位，导致设备缺陷或缺件在设备开始安装前才发现，最后只能空运补发，直接增加了项目成本。

在仓储管理环节，总承包方在项目初期就应建立健全出入库制度、开箱验收制度，做好工地仓储的总体规划。根据不同设备的仓储等级要求，确定合理的室内库面积与露天场地平整面积，对温湿度及灰尘有特殊要求的机电设备必须配置专用的恒温库，以确保到货设备的安全存放。

设备到达工地后，总承包方应协调安装单位、供货商代表、相关技术部门密切协作，安排专业人员指挥重大件设备、精密电气设备的卸货和开箱验收工作。首先确认到货设备的外观是否完好，如发现损毁应立即确定其计划安装日期，安排空运或海运补发；接下来确定到货设备与发运清单是否一致，检查无误后开展开箱清点工作。

随着机电安装工作面的不断展开，总承包方应逐步加强供货商与现场安装方的紧密协作，针对施工阶段临时采购、应急采购的情况，总承包方应建立应急采购流程，加强设备供货商和安装单位之间的有效配合，缩短环节中占用的时间。

3 建立设备供货质量保障体系

建立健全的设备质量保障体系是供货质量管理的必要条件。苏布雷水电站在EPC总承包模式下，把设备供货管理分成了成套设备部、国内成套设计协调小组、现场项目经理部三条线，形成了全方位的保障设备供货管理工作的体系。由成套设备采购部负责设备的采购、催交、物流工作；由成套设计协调小组在国内负责设备出厂验收工作和设计协调工作；由项目经理部对口的职能部门在现场负责设备验收、安装总体的质量监督和管理工作。

这种运作模式是根据苏布雷项目以技术质量为龙头的管理理念制定的。成套设备部招标、采购流程更加规范化，由其负责采购、催交工作，可以发挥其专业优势，可以为业主采购到性价比最高的设备；由成套设计

协调小组中有设备安装经验的专业人员参与设备监造与验收，能够充分保障设备的出厂质量；由项目经理部负责协调管理工作，在业主、咨询工程师等各方的组织协调中发挥作用，充分发挥了EPC总承包方的优势。

4 建立设备供货进度监督机制

成套设备供货是一个周期较长的过程，各个环节必须充分监督才能使供货进度得到保障。供货进度监控需要从两个方面考虑：一方面要监控现场施工进度对不同设备供货时间的需求。现场施工进度是一个动态、循环的过程，总承包方按周期对施工任务进行分解，制定符合工期要求的周、月、季度计划。作为成套设备供货管理人员，应将供货进度与总进度深度结合，在每个计划的期末进行总结。从土建施工、机电安装、供货进度多个方面进行分析，比较供货时间与安装时间的偏差，分析偏差对工期的影响，适时地调整供货时间，为施工进度提供保障。

另一方面要监控供货商是否能按照合同工期交货。为此，供货进度监控必须从项目整体实施来考虑，以项目总进度计划来制定设备的交货计划。通过进度报告和驻厂监造等途径提前发现可能延迟交货的因素，组织相关厂商或责任主体分析原因，从而及时采取措施来避免设备延迟交货造成的负面影响。通过对设备供货和现场需求的统筹管理，合理进行设备交货进度的动态调整，使设备交货在时间上具备一定的柔性空间。

5 结语

根据国际EPC水电项目设备供货的特点，结合苏布雷水电站项目实际执行经验，将机电成套设备供货进行流程化管理，超前进行各环节工作的规划，是降低工程采购成本、提高项目管理人力资源利用率的主要途径。通过设备供货质量保障体系和监督机制的良好运转，保证设备供货按总进度计划顺利进行，有助于提高管理效率，保证设备供货质量。面对国际市场的竞争激烈，对EPC项目执行者管理水平的要求也会越来越高，在今后的工程实践中，有必要对机电成套设备供货管理进行深入研究和持续改进。

征 稿 启 事

各网员单位、联络员：

广大热心作者、读者：

《水利水电施工》是全国水利水电施工技术信息网的网刊，是全国水利水电施工行业内刊载水利水电工程施工前沿技术、创新科技成果、科技情报资讯和工程建设管理经验的综合性技术刊物。本刊宗旨是：总结水利水电工程前沿施工技术，推广应用创新科技成果，促进科技情报交流，推动中国水电施工技术和品牌走向世界。《水利水电施工》编辑部于 2008 年 1 月从宜昌迁入北京后，由全国水利水电施工技术信息网和中国电力建设集团有限公司联合主办，并在北京以双月刊出版、发行。截至 2016 年年底，已累计发行 54 期（其中正刊 36 期，增刊和专辑 18 期）。

自 2009 年以来，本刊发行数量已增至 2000 册，发行和交流范围现已扩大到 120 个单位，深受行业内广大工程技术人员特别是青年工程技术人员的欢迎和有关部门的认可。为进一步增强刊物的学术性、可读性、价值性，自 2017 年起，对刊物进行了版式调整，由杂志型调整为丛书型。调整后的刊物继承和保留了原刊物国际流行大 16 开本，每辑刊载精美彩页 6～12 页，内文黑白印刷的原貌。本刊真诚欢迎广大读者、作者踊跃投稿；真诚欢迎企业管理人员、行业内知名专家和高级工程技术人员撰写文章，深度解析企业经营与项目管理方略、介绍水利水电前沿施工技术和创新科技成果，同时也热烈欢迎各网员单位、联络员积极为本刊组织和选送优质稿件。

投稿要求和注意事项如下：

（1）文章标题力求简洁、题意确切，言简意赅，字数不超过 20 字。标题下列作者姓名与所在单位名称。

（2）文章篇幅一般以 3000～5000 字为宜（特殊情况除外）。论文需论点明确，逻辑严密，文字精练，数据准确；论文内容不得涉及国家秘密或泄露企业商业秘密，文责自负。

（3）文章应附 150 字以内的摘要，3～5 个关键词。

（4）正文采用西式体例，即例 "1" "1.1" "1.1.1"，并一律左顶格。如文章层次较多，在 "1.1.1" 下，条目内容可依次用 "（1）" "①" 连续编号。

（5）正文采用宋体、五号字、Word 文档录入，1.5 倍行距，单栏排版。

（6）文章须采用法定计量单位，并符合国家标准《量和单位》的相关规定。

（7）图、表设置应简明、清晰，每篇文章以不超过 5 幅插图为宜。插图用 CAD 绘制时，要求线条、文字清楚，图中单位、数字标注规范。

（8）来稿请注明作者姓名、职称、职务、工作单位、邮政编码、联系电话、电子邮箱等信息。

（9）本刊发表的文章均被录入《中国知识资源总库》和《中文科技期刊数据库》。文章一经采用严禁他投或重复投稿。为此，《水利水电施工》编委会办公室慎重敬告作者：为强化对学术不端行为的抑制，中国学术期刊（光盘版）电子杂志社设立了 "学术不端文献检测中心"。该中心将采用 "学术不端文献检测系统"（简称 AMLC）对本刊发表的科技论文和有关文献资料进行全文比对检测。凡未能通过该系统检测的文章，录入《中国知识资源总库》的资格将被自动取消；作者除文责自负、承担与之相关联的民事责任外，还应在本刊载文向社会公众致歉。

（10）发表在企业内部刊物上的优秀文章，欢迎推荐本刊选用。

（11）来稿一经录用，即按 2008 年国家制定的标准支付稿酬（稿酬只发放到各单位，原则上不直接面对作者，非网员单位作者不支付稿酬）。

来稿请按以下地址和方式联系。

联系地址：北京市海淀区车公庄西路 22 号 A 座
投稿单位：《水利水电施工》编委会办公室
邮编：100048
编委会办公室：杜永昌
联系电话：010 - 58368849
E - mail：kanwu201506@powerchina.cn

全国水利水电施工技术信息网秘书处
《水利水电施工》编委会办公室
2017 年 1 月 30 日